世にも不思議で美しい「相対性理論」入門

佐藤勝彦

PHP文庫

○本表紙図柄＝ロゼッタ・ストーン（大英博物館蔵）
○本表紙デザイン＋紋章＝上田晃郷

はじめに

相対性理論は「この世で最も美しい物理法則」だと、私は思います。

どこが美しいのかというと、極めて単純で当たり前と思われる「原理」を立てて、あとはひたすら論理を究めていけば、あらゆる物理法則の根幹をなす理論——それが相対性理論です——が生まれてくる、というところです。どんな原理を立てて、どのように論理を究めているのか、それらは本書の中で紹介しますので、楽しみにお待ちください。

古代中国の思想家・荘子《そうし》の有名な言葉に「原天地美達萬物理」（天地の美に基づきて、万物の理に達す）というものがあります。美に基づいて考える、美しくあろうと考えると、ものごとの真理に到達できる、という意味で、日本人初のノーベル賞受賞者である故・湯川秀樹先生がお好きだった言葉です。相対性理論は、この言葉を体現していると思います。複雑に見える世界も、実は単純明快な原理に基づいていて、論理的に美しくあろうと考えていくだけで、人間の直観ではうかがい知れない隠れた真理にたどり着けるのです。これは理論物理学の神髄だといえます。

そうした相対性理論の美しさと魅力を、あらためて教えてくれたのが、2016年2月に発表された「重力波の直接検出の成功」という偉業です。ブラックホール同士が衝突・合体した時などに生まれる〝宇宙の地響き〟である重力波の存在は、アインシュタインが自ら打ち立てた相対性理論に基づいて、1916年に予言したものです。

非常に微弱な波である重力波の存在は、宇宙を普通に観測していても、けっして予想できません。ただひたすら相対性理論に基づいて論理的に考察した結果、重力波というものが必ず存在するはずだから、それを探し出そうと多くの人が努力を積み重ねて、予言からピッタリ100年後に重力波の初観測が発表されたのです。まさに理論物理学の一大勝利であり、今回の発見は天文学史に残る記念碑的業績といえます。

相対性理論は他にも、ブラックホールの存在や宇宙の膨張なども予言しました。人間の直観が通用する日常的な世界から遠く離れた場所で、真理を探ろうとする時に欠かせないよりどころが相対性理論です。この宇宙の中では、私たちの直観や常識が通用する世界のほうが、実はずっと狭いのです。それに気がつけば、奇妙で難しい理論だと思われがちな相対性理論を、案外〝身近〟なものと感じてもらえるのではないでしょうか。
本書を通して、相対性理論の美しさと限りない魅力を多くの方が感じてくださることを願っています。

佐藤勝彦

世にも不思議で美しい「相対性理論」入門　目次

第2章 時間の流れ方は人それぞれ
～特殊相対性理論の世界～

第3章 物質と時空は不可分である

～一般相対性理論の世界～

第4章 重力の極限を探る
～相対性理論とブラックホール～

第5章 宇宙は膨張していた
～相対性理論と宇宙論～

第6章 重力波天文学が拓く未来
～ついに解けた！ アインシュタイン〝最後の宿題〟～

第7章 タイムトラベルの可能性
~相対性理論は時間旅行を禁じていない~

図版作成　Isshiki
イラスト　福々ちえ

第1章

相対性理論って、いったい何なの？

～相対性理論の基礎知識～

01

“役者”だけではなく“舞台”もキャスト？

相対性理論は「時空の物理学」である

この本を手に取られたみなさんは、相対性理論に対してどんなイメージを持っているのでしょうか。

「名前は聞いたことがある」「アインシュタインが作った」「$E=mc^2$という式は知っている」「とても難しい理論」——こんなことを思い浮かべる方が多いかもしれません。そのくらいの知識しかお持ちでなくても、大丈夫です。第1章ではまず、相対性理論とはどんなものなのか、その内容をダイジェストで説明しましょう。

時間と空間は1つの存在!?

相対性理論とは何か、という質問に一言で答えるなら、「相対性理論は、時空の物理学です」という回答になります。**時空**とは、時間と空間を合わせたものを指します。時間と空間の物理的な性質を明らかにした理論、それが相対性理論です。

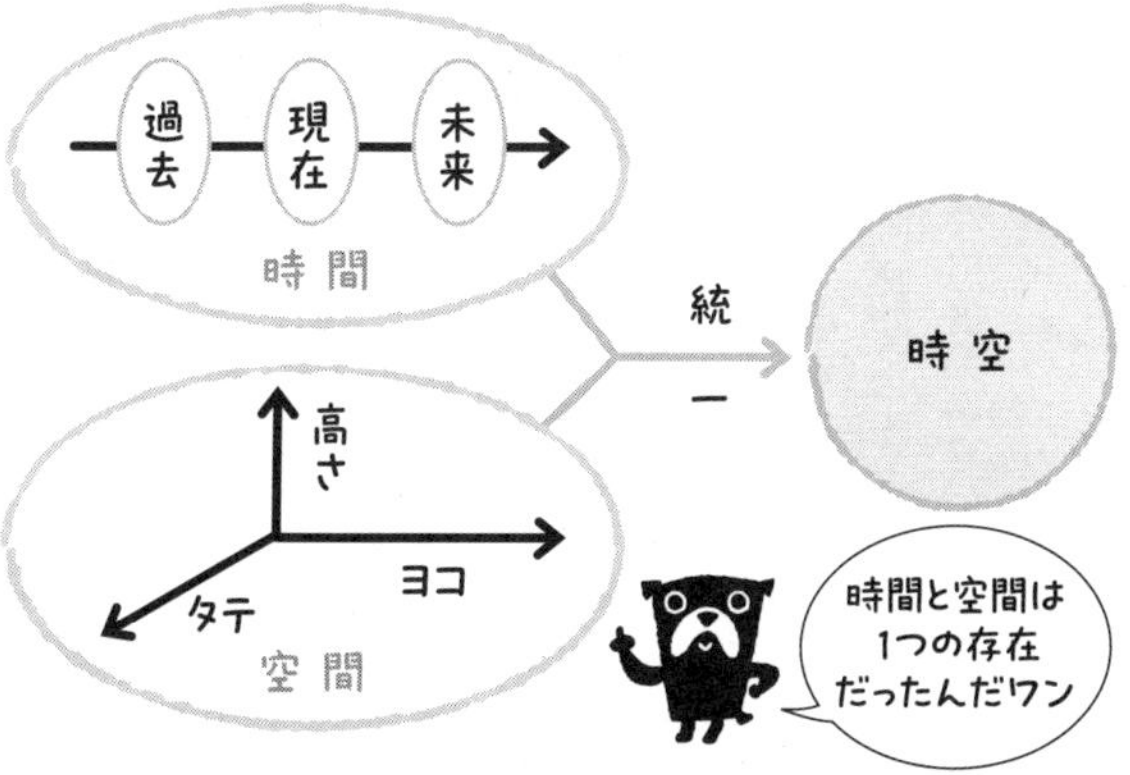

ここで、注目してほしいことがあります。相対性理論における「時空」とは、時間と空間という別々のものをいっしょに表現したものにとどまりません。一見すると関係性がないように思える時間と空間は、実は密接に絡み合って一体不可分の構造をなし、場合によっては入れ替わることさえあるのです。つまり、時間と空間はそれぞれ独立したものではなく、時空という1つの存在だったのです。そのことを明らかにしたのが、実は相対性理論自身でした。

このように、相対性理論は時間と空間を時空として統一し、時空の物理的な性質――従来のイメージとは異ななる、非常に奇妙な性質——を明らかにした理論なのです。

時間や空間は〝自明〟にあらず?

そもそも相対性理論が登場するまで、時間や空間は物理学や科学の研究対象だと思われていませんでした。たとえばアインシュタインより100年ほど前の時代の人である、ドイツの偉大な哲学者カントは、時間と空間を「先験的(アプリオリ)」なものであるといっています。

先験とは「経験に先立つ」という意味です。経験したり観察したりするまでもなく、始めから自明だといえる認識や概念を指して、先験的であるといいます。これはカント自身が作った言葉です。

具体例を挙げましょう。すべての結果には原因があり、原因がなければ結果は生じないという「原因と結果の関係」のことを**因果律**《いんがりつ》といいますが、これは先験的な原理です。直観的に正しく思えますし、そもそも因果律を否定したら、私たちは一切の科学的な思考ができなくなります。したがって、因果律は先験的な原理である、因果律は正しい、と最初から認めてしまうほかないのです。

同じように、カントは時間や空間も先験的なもの、今さら問う必要のない自明の

ものであると考えました。これはカントに限らず、誰もが普通にそう考えることでしょう。そして、物理学は時間や空間という「舞台」の中で、物質がどのように運動するのかを研究する学問として誕生し、発展してきました。その際の主役は、あくまで物質という「役者」のふるまいであり、舞台装置に注目する人などいませんでした。

しかし、時間と空間は単なる舞台、縁の下の存在ではありませんでした。実は、彼らも物理学の重要な「キャスト」だったのです。アインシュタインは時間と空間について考察し、それまで誰も気づかなかった不思議な物理的性質を明らかにしました。先験的なもの、今さら問う必要などないものとされていた時間と空間に対する人間の概念を根底から覆《くつがえ》した相対性理論は、まさに革命的な理論なのです。

02 時間・空間・物質の真の関係が明らかに！ 2種類の相対性理論

相対性理論には、**特殊相対性理論**と**一般相対性理論**の2種類があります。前者は基礎の理論であり、後者はそれを改良・発展させた理論です。

アインシュタインは1905年に特殊相対性理論を発表し、それから約10年後の1915年から1916年にかけて一般相対性理論を発表しました。2つの理論は、それぞれどんなものなのでしょうか。

「光速度は常に一定」を土台に

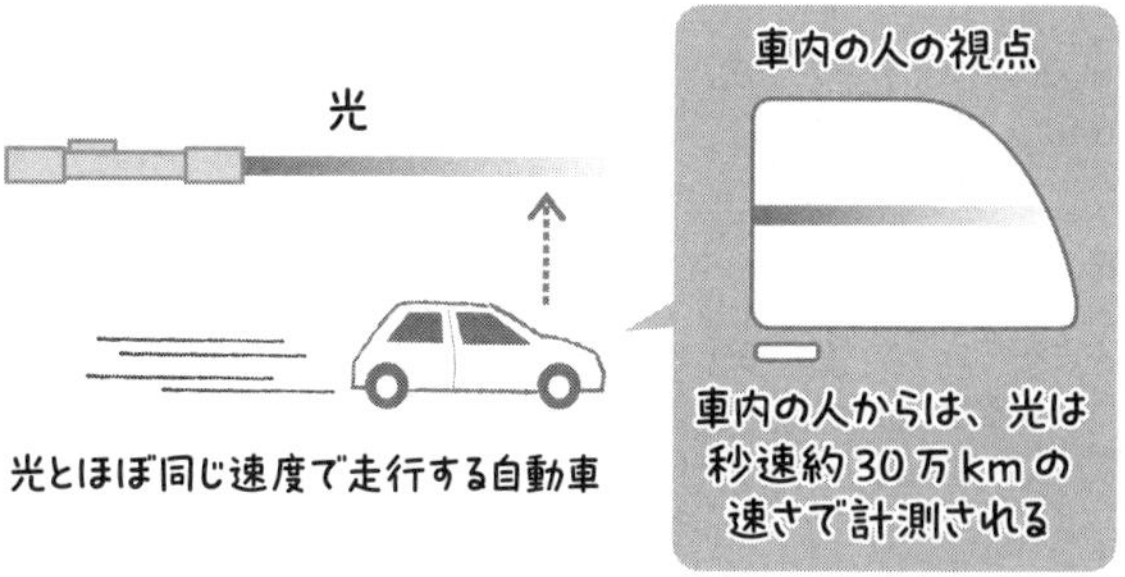
光
車内の人の視点
車内の人からは、光は秒速約30万kmの速さで計測される
光とほぼ同じ速度で走行する自動車

最初に作られた特殊相対性理論は、ある重要な事実を土台（原理）にしています。それは、「光は、どんな速度で運動する人からも常に一定の速度に見える」ということです。これは、**光速度不変の原理**と呼ばれます。

光が伝わる速度はこの世で一番速い、と聞いたことがあるかと思います。光は秒速約30万km、すなわち1秒間に地球を約7周半できるほどの猛スピードで進みます。

ところで、2台の自動車が同じ速度で並走する時、一方の自動車からもう一方を見ると、相手が止まっているように見えることは経験的にご存じだと思います。しかし、もし光に限りなく近い速さで走る自動車があったとして、その車内の人が並走する光を見たらどうなるでしょうか。なんと、光は止まって見えたりはせず、秒速約30万kmの速さで見えるのです。

にわかには信じがたい話ですが、何度実験を繰り返しても、観測する人の運動速度に関係なく、光の速度は常に一定の値で計測されました。そこで、この奇妙な事実をもとにして物理現象を考え直したのが特殊相対性理論であり、それにより時間と空間の性質について不思議なことが次々と判明したのです。

運動すると時間や空間の尺度が変わる

まずは「時間の遅れ」です。特殊相対性理論によると、動くものは止まっているものよりも時間の進み方が遅くなります。たとえば、光速度の90％で進む宇宙船が地球を飛び立ち、船内の時間で1年経って地球に戻ってきたとします。すると、地球では約2年4カ月が過ぎていることになります。宇宙を猛スピードで飛行した宇宙船の中では、時間がゆっくり進んだのです。

時間の遅れは、運動速度が光速度に近づくほど大きなものになります。ただ、現在の科学技術で建造できる最高速度の宇宙船でも、光速度の4000分の1程度でしかありません。この場合、時間の遅れはほとんど発生しないため、私たちは時間の遅れに気づかないのです。

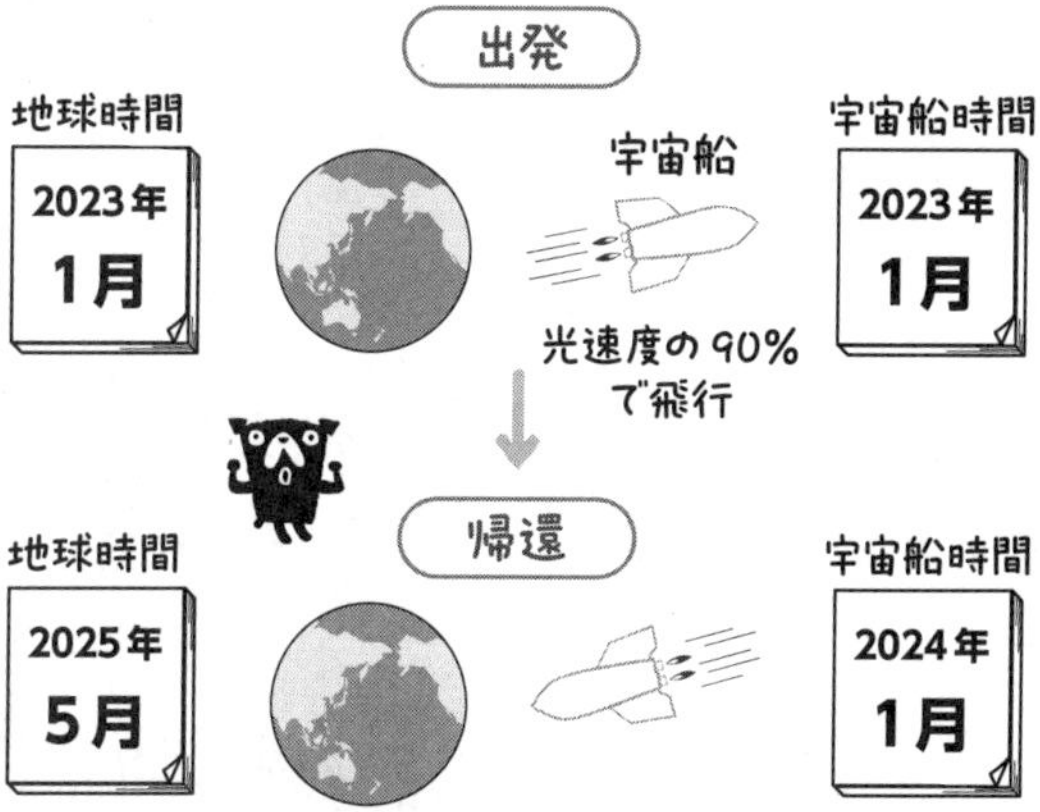

次は「長さの縮み」です。動くものは、進行方向の長さが縮んで見えます。たとえば、止まっている時の長さが50mのロケットが光速度の90%で飛ぶと、長さが約22mに見えます。ただし、ロケットが実際に半分以下のサイズに潰れてしまうわけではありません。動いているものの長さは、止まっている時に測った長さよりも小さな値で観測される、つまり空間の尺度が変わってしまうのです。これは時間についても同じです。運動することによって時間や空間の尺度が変わる、時間の進み方と空間の「物差し」がともに変化する、というのが特殊相対性理論によって明らかになったことです。

質量やエネルギーの秘密も明らかに

また、運動による「質量の増加」も起こります。動くものは、止まっている時よりも質量（重さ）が増えるのです。

さらに「物質の中には巨大なエネルギーが秘められている」ということも、特殊相対性理論によって示されました。有名な方程式「$E=mc^2$」は、物質（質量m）がエネルギー（E）と等価である、つまり互いに姿を変えるものであることを示しています。

このように、特殊相対性理論は新たな真理を次々と明らかにしましたが、その本質的な意義は「時間と空間を統一した」ことにあります。私たちは普段、時間と空間はまったく別のものだと思っています。しかし、特殊相対性理論は両者の間に密接な関係があり、1つの「時空」としてまとめて取り扱う必要があることを示し、旧来の時間と空間の概念を根底から変革したのです（特殊相対性理論については、第2章でくわしく説明します）。

物質を置くと時空が変形する

続いて、一般相対性理論について簡単に説明しましょう。

一般相対性理論も、時空の新たな性質を明らかにしました。時空の中に物質を置くと、時空が変形するのです。時空という舞台は石畳のような堅牢なものではなく、役者である物質が乗ると曲がってしまう、柔らかいゴム膜のような存在だったのです。

たとえば、みなさんが学校や会社から家に帰ったとします。すると、帰宅後の家の内部の時空は、帰宅前に比べてわずかに「曲率（時空の変形具合のこと）が正（プラス）」の方向に曲がります。さらに、家の中の時計を遠くから見ると、みなさんが帰宅したことによって、時計の進み方がわずかに鈍くなります。これも時空の変形による影響です。

ただし、物質の質量が極端に大きくならない限り、時空の曲率はほとんど変わりません。みなさんが自宅に帰ったら、という先ほどの例では、時空の曲がりや時間の遅れはごくわずかなので、実際にその様子を観測することはできません。

しかし、太陽ほどの巨大な質量になると、その周囲の時空は少し曲がるようになります。曲がった時空の中では、まっすぐ進むはずの光の進路が曲がってしまったり、光の通過時間が遅れたりします。その様子を実際に観測することで、一般相対性理論の正しさは検証されています。

重力の本質を明らかにする

一般相対性理論はもう1つ、非常に大事なことを明らかにしました。それは重力という力の本質についてです。

時空の中に、2つの物質を少し離して置きます。すると、時空は曲がりますが、その曲がりに沿って物質同士は移動して互いに近づき、最終的にくっつきます。この作用が、重力（万有引力）に当たります。つまり、重力とは時空の曲がりによって引き起こされた力だったのです。

一般相対性理論が生まれる前から、重力という力の存在はもちろん知られていましたし、物体間に働く重力（引力）の法則、すなわち万有引力の法則もわかっていました。しかし、なぜ重力という力が生じるのかを説明できる人はいませんでした。一般相対性理論は、重力という力の源が時空の曲がりであることを示して、新たな重力の理論となったのです（一般相対性理論については、第3章でくわしく紹介します）。

03 未知の物理現象を次々と予言
相対性理論から広がる世界

相対性理論は伝統的な時間と空間の概念を一変させ、質量やエネルギーの秘密を明らかにし、重力の隠れた本質を知らしめました。それだけで十分に革命的なことですが、その影響はさらなる広がりを見せていきました。相対性理論（特に一般相対性理論）をもとにして、従来の常識を破る未知の物理現象が次々と予言され、のちにそれらの多くが実際に見つかってきたのです。

本書では、相対性理論から予言された「ブラックホール」「宇宙論」「重力波」「タイムトラベル」の4つの話題を取り上げ、相対性理論の奥深い魅力に迫ります。

重力の極限・ブラックホール

ブラックホールという名前は、多くの方がご存じでしょう。非常に強い重力で周囲のものをどんどん飲み込み、この世で最も速い光さえ脱出できない不思議な天体として、子供から大人に至るまで人気を博しています。

ブラックホールの存在に最初に気づいたのは、ドイツの物理学者・天文学者のシュヴァルツシルトです。彼は一般相対性理論をもとにして考えて、質点《しってん》（質量を持ち、大きさがゼロである点状の仮想的物体）の周囲の時空に、のちにブラックホールと呼ばれるようになる領域ができることを発見し、1916年に発表しました。しかし、実際にブラックホールが宇宙に存在するとは、当初誰も考えませんでした。アインシュタインも、シュヴァルツシルトの考え方に間違いがないことは認めつつ、現実世界には存在しないとする論文を発表しています。

ところが後の時代になって、非常に重い恒星が一生の最後に大爆発（超新星爆発）を起こすと、星の中心部が潰れて重力がどんどん強くなっていき、最終的にブラックホールが誕生することが予想されるようになりました。そして実際に、ブラックホールであろうと考えられている天体がいくつも見つかったのです。私たちの太陽系が属する天の川銀河（銀河系）の中心部にも、太陽の400万倍の質量を持つブラックホールがひそんでいると考えられてきましたが、2022年にはついにその姿を撮影することに成功しました（ブラックホールについては、第4章でくわしく紹介します）。

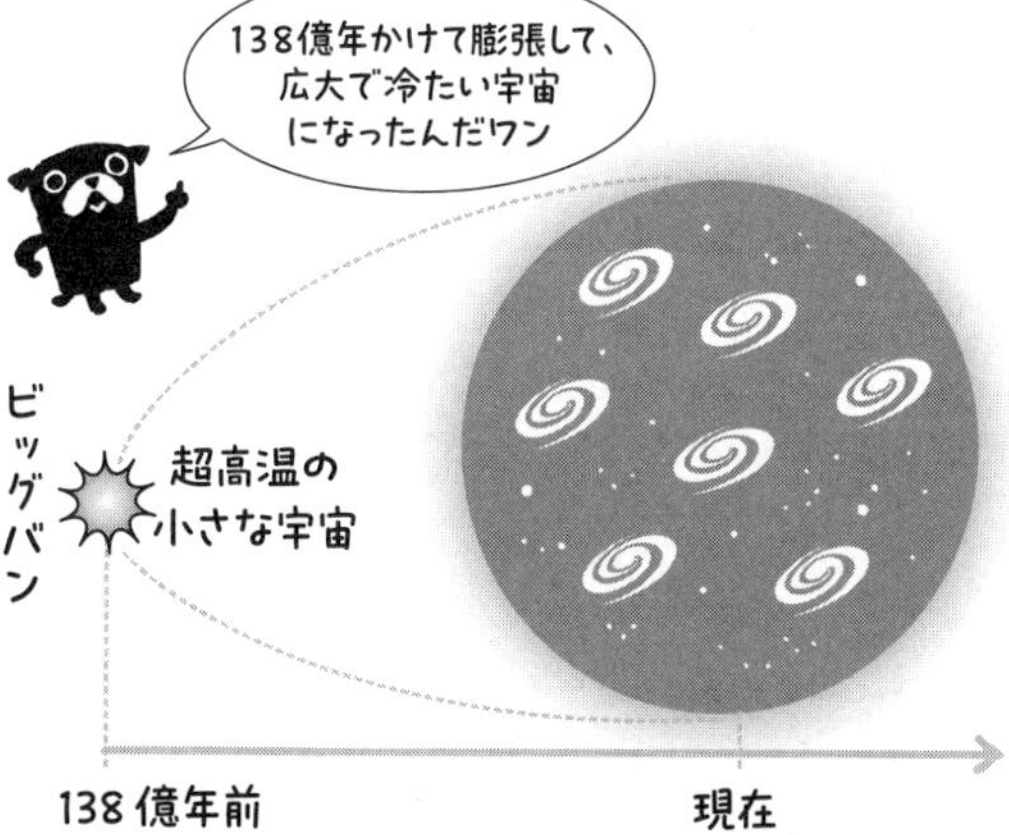
138億年かけて膨張して、
広大で冷たい宇宙
になったんだワン
ビッグバン
超高温の
小さな宇宙
138億年前
現在

宇宙は膨張していた！

私たちが住む宇宙はどのようにして始まったのか、それを説明する科学理論が**ビッグバン宇宙論**です。宇宙はかつて、小さくて超高温の火の玉のような状態として生まれ、それが約138億年かけて膨張して、現在の広大で冷たい宇宙になったと説明するビッグバン宇宙論は、多くの科学者に支持されています。

一般相対性理論によると、物質の存在によって周囲の時空は変形します。これを応用して、宇宙の内部にある銀河など（＝物質）によって、宇宙全体（＝時空）がどう変形するかを考えると、宇宙の大きさが変化する、つまり宇宙が膨張や収縮を行うという結論が導かれるのです。

しかし、アインシュタインは当初、宇宙が大きさを変えるという考えに納得できませんでした。そこで、方程式の一部を修正することで、宇宙は一定の大きさを保つと主張しました。ですが、宇宙が膨張していることを示す観測的証拠がアメリカの天文学者ハッブルによって発見されたことで、アインシュタインも認めるようになったのです（第5章では、ビッグバン宇宙論を含む現代宇宙論の概要について紹介します）。

予言から100年後に見つかった重力波

本書の「はじめに」でも触れましたが、アインシュタインが予言した重力波が100年後についに見つかった（直接検出された）ことは、まさに世紀の大発見です。2017年には、重力波の直接検出に貢献した3人のアメリカの物理学者がノーベル物理学賞を共同受賞しました。

アインシュタインは一般相対性理論を発表した翌年に、重力波の存在を予言しました。「宇宙の地響き」である重力波が光と同じ速さで周囲に伝わることを、一般相対性理論の方程式の中から見つけたのです。

しかし、極端に弱い波である重力波を直接検出することは非常に困難でした。今回ついに、ブラックホール同士が衝突・合体して発生した膨大なエネルギーが重力波として放出されたものを、アメリカの重力波望遠鏡「LIGO《ライゴ》」がキャッチしたのです。

2020年には、日本の大型重力波望遠鏡「KAGRA《カグラ》」も本格観測を開始しました。今後は、重力波を観測することで、超新星爆発の際にブラックホールが誕生する現場を調べるといった「重力波天文学」や、重力波と光（電磁波）の両方で天体を観測する「マルチメッセンジャー天文学」が進展するでしょう。また、宇宙が生まれた際に生じた「原始重力波」を観測することで、宇宙誕生の瞬間の様子を調べることも可能になると期待されています（重力波については、第6章でくわしく紹介します）。

タイムトラベルは実現可能か？

タイムトラベルというと、SFの世界の話に過ぎず、真っ当な科学とは相容《あいい》れないものだと考える方が多いでしょう。しかし、驚かれるかもしれませんが、相対性理論によるとタイムトラベルは禁止されていません。そのため、有名な物理学者の中にも、真面目にタイムトラベルの問題を研究している人がいます。

実際、私たちは日常的に「未来へのタイムトラベル」を行っています。たとえば、新幹線で東京から博多まで行くと、約10億分の1秒だけ未来の世界にタイムトラベルしていることになります。もちろん、そんなわずかな時間だけ未来に行っても、それに気づくことはなく、計測することも事実上不可能です。

一方で、「過去へのタイムトラベル」には困難が伴います。もし過去へ行くことができると、「原因は過去にあり、結果は未来にある」という因果律を破ることになって、多くの問題が生じるからです。

本書の最終章となる第7章では、相対性理論とタイムトラベルの問題を扱って、相対性理論の魅力を再確認したいと思います。

第2章

時間の流れ方は人それぞれ

～特殊相対性理論の世界～

01

光はニュートン力学の異端児
光の速度が常に一定に見える不思議

第2章では特殊相対性理論について説明します。

第1章で説明したように、相対性理論は時空の物理学です。19世紀までの物理学は、ニュートンが考えた「絶対空間」「絶対時間」という概念に基づいて、物体の運動などを研究してきました。しかし、19世紀半ばにマクスウェルが電磁気学の法則を完成させ、光が「電磁波」の一種であることが示されると、光の不思議なふるまいが人々を悩ませるようになりました。それが相対性理論という革命的な理論を生み出す素地となったのです。

時間と空間は絶対不変の存在だと考えたニュートン

ニュートン力学とは、イギリスの物理学者ニュートンが打ち立てた、物体の運動の法則や原理についての学問体系であり、物理学の中で最も基本的な分野です。単に「力学」といえば、普通はニュートン力学のことを指します。

運動とは、物体の空間的な位置が、時間の経過とともに変化するものです。したがって運動について考えようとすれば、そもそも空間や時間とはいかなるものであるかを、前もって規定しておく必要があります。そこでニュートンは、１６８７年に出版した大著『プリンキピア（自然哲学の数学的諸原理）』の中で、時間と空間を次のように規定しました。

絶対時間：外界とはなんら関係することなく、一様に流れるもの

絶対空間：いかなる外界とも関係なく常に均質であり、揺らがないもの

つまり、時間と空間は物理学における「固い石の舞台」とでもいえる絶対不変の存在であり、物質の存在や運動によって変化するものではないとニュートンは規定しました。これは、私たちが日常経験から漠然と考えている時間や空間の概念を明確にしたものでもあります。この規定によって、物理学者は絶対空間・絶対時間という確固たる舞台の上で、安心して物質の運動や構造を研究することができました。その結果、運動の三法則（慣性の法則、運動方程式、作用・反作用の法則）や万有引力の法則といった重要な法則が発見され、あらゆる物体の運動の様子が簡単な数式で説明できるようになったのです。

しかし、時間や空間を絶対視するこの考えは、相対性理論の登場によって否定されます。相対性理論は、時間や空間が相対的なものであること、「固い石の舞台」ではなく「柔らかなゴム膜」のようなものであることを明らかにしたのです。

電磁気学の完成と「困ったこと」

ニュートンは運動の法則や光の正体についての研究、さらには微積分法の発見など、物理学や数学のさまざまな分野に偉大な功績を残しました。ですが、そんなニュートンが手を出さなかった分野が、電気や磁気の研究です。

19世紀前半、デンマークの物理学者エルステッドやフランスの物理学者アンペールによって、電線に電流を流すと電線の周囲に磁力が生じる様子が発見・研究されて、電気と磁気との間に密接な関係があることが明らかになりました。さらにイギリスの物理学者ファラデーが、磁力を変化させることで電流が生じる電磁誘導現象を発見し、電気と磁気の関係性にいっそう注目が集まりました。

そして1864年、イギリスの物理学者マクスウェルは、電気と磁気の関係性をまとめた**マクスウェルの方程式**を発表して、電磁気学の法則を完成させました。さらにマクスウェルは、電気と磁気（電場と磁場）の変化を伝える波、すなわち**電磁**

波が存在すること、そして電磁波が真空中を伝わる速度が光の速度（秒速約30万km）と同じだったことから、光は電磁波の一種であると予言したのです。電磁波の実在は、1888年にドイツの物理学者ヘルツによって確かめられました。

しかし、ここで困ったことが発生しました。電磁気学の法則によると、電磁波が真空中を伝わる速度（これをcと表します）は一定の値、定数になるのです。これは、ニュートン力学の常識からすると、あってはならないことでした。

速度とは「相対的」なものであるはず

ニュートン力学では、速度は常に「誰かから見た値」、すなわち相対的な値で観測されます。たとえば「自動車の速度が時速60kmである」と表現する場合、それは地面の上に立って止まっている人が観測した場合の速度です。もしも観測者が時速40kmで走るバイクに乗って、自動車と同じ向きに走る場合、観測者から見た自動車の速度は、バイクの速度の分だけ遅い時速20kmに見えます。一方、自動車とは逆の方向に時速40kmで走るバイクからすれ違う自動車を見ると、自動車の速度はバイクの速度分だけ速い時速100kmに見えます。これらは「速度合成の法則」という、単純な足し算・引き算によって求められます。

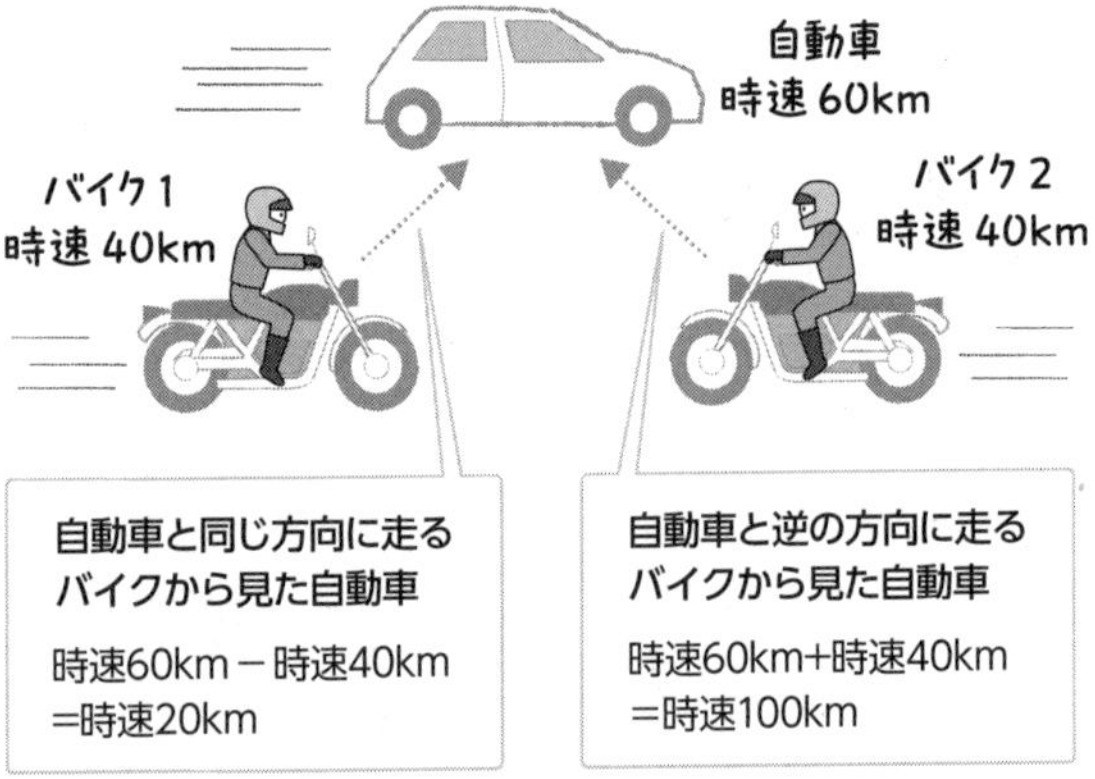

ニュートン力学における運動の法則は、その相対的な速度の値を使っても必ず成立します。そこがニュートン力学の優れた点でもあります。自分が止まっていても、どんな速度で運動していても、物体は同一の方程式で示される運動を行うものとして観測できるのです。

ところが、速度は相対的な値として観測されるはずなのに、光（を含む電磁波）の速度だけは常に c という定数になる、つまり絶対的な値で観測されるのです。

マイケルソンとモーリーの実験の「失敗」

１８８０年代にアメリカの物理学者マイケルソンは、地球の公転と同じ方向と、それに対して垂直な方向とで、光の速度の違いを見つけようとする有名な実験を行いました。マイケルソンが考えたのは、干渉計《かんしょうけい》という巧妙な装置を使う実験でした。

干渉とは、２つの波が重なり合う時に強め合ったり弱め合ったりする現象です。波の山と山、谷と谷の部分が重なれば、波は強め合い、逆に山の部分と谷の部分が重なれば波は弱まります。光の場合は、明るさに強弱が生まれて、干渉縞《じま》という明暗の模様が生まれます。それを観測するのが、干渉計のしくみです。

先ほどの「バイクから見た自動車の速度」の例を思い出すと、地球の公転と同じ方向に進む光は、地球上から見ると地球の公転速度（秒速約30㎞。30万㎞ではないので注意）の分だけ遅く観測されるはずですし、公転方向と逆向きに進む光は公転速度の分だけ速く観測されるはずです。そこでマイケルソンの干渉計では、１つの光を２つに分けて、地球の公転と同じ方向と垂直な方向との間で往復させた後に再び合成させました。光の速度が地球の公転速度の分だけ変化すれば、２つの経路に分けた光の往復にかかる時間に違いができるので、合成した光の山と谷がずれて、干渉縞ができるはずです。

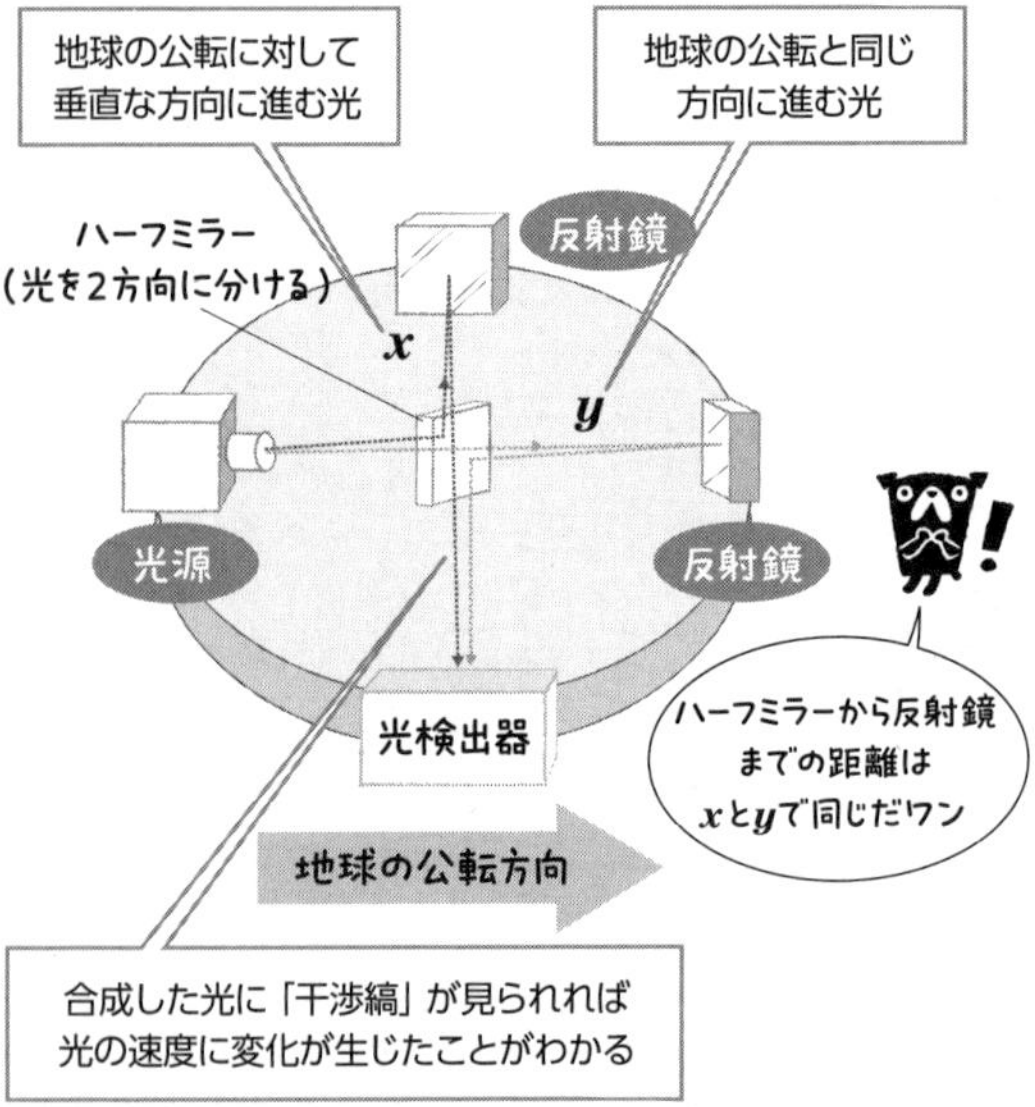

ところがマイケルソンの予想に反して、干渉縞は見られませんでした。つまり、地球の公転方向へ進む光も、それに対して垂直の方向に進む光も、同じ速度で観測されたのです。マイケルソンは共同研究者としてアメリカの物理学者モーリーを誘い、2人は実験を繰り返しました。ですが、どんなにがんばっても直交する2方向を進む光の速度に違いは見られず、困り果てたマイケルソン

はノイローゼになったとまでいわれています。

　こうしてマイケルソンとモーリーの実験は「失敗」に終わったのですが、これは同時に、光の速度が相対的な値をとらず、常に絶対的な値として観測されることを示す「成功」実験でもあったのです。

02 「同時だったよね？」「いや、同時ではないよ！」アインシュタインが示した「同時刻の相対性」

　世界中の物理学者が光の速度の謎に頭を悩ませる中、鮮やかな回答を示したのが当時弱冠25歳の青年アインシュタインです。彼の最大の武器は、マイケルソンやモーリーのように実際に行う実験ではなく、頭の中で想像して行う**思考実験**の巧みさでした。技術的な制約などから実施が不可能な実験も、頭の中でなら空想して行うことが可能です。アインシュタインは数々の思考実験によって、隠された自然の真

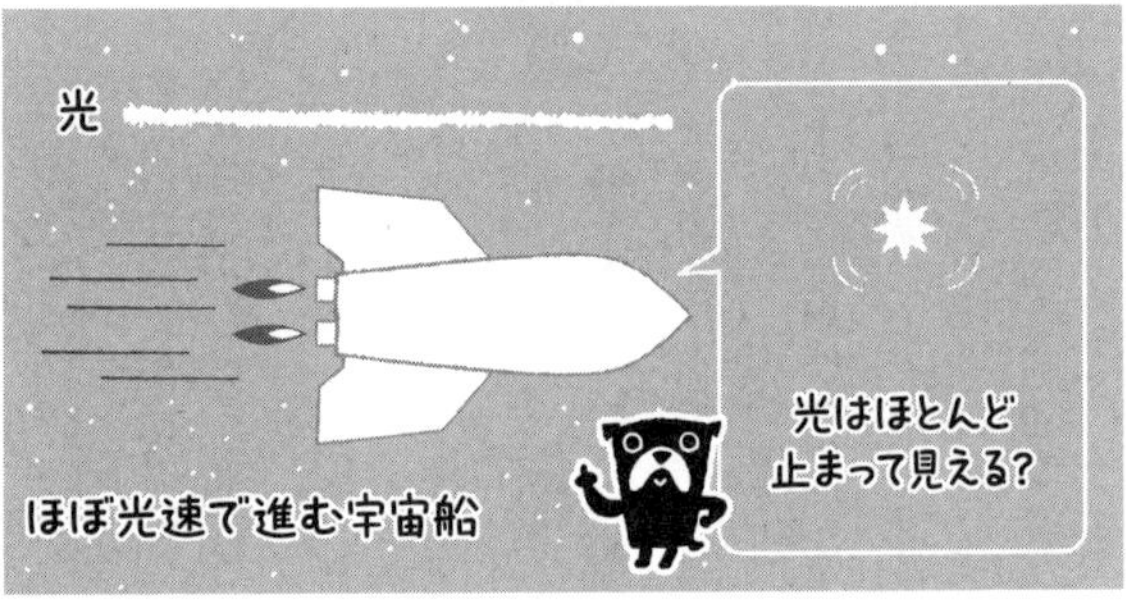

理を次々と明らかにしていったのです。

光と同じ速さで動きながら光を見たら?

アインシュタインは子供の頃から思考実験が得意だったようで、のちに自伝の中で次のようなエピソードを披露しています。それはアインシュタイン少年が16歳の頃のことで、毎日こんなことを考えていたとのことです。

「もし光と同じ速さで動きながら光を見たら、光はどう見えるのだろうか?」

前項でバイクから見た自動車の速度の話をしましたが、時速40㎞で走るバイクに乗った観測者が、同じ時速40㎞で並走する自動車を見ると、自動車は止まって見えます。では、秒速約30万㎞の光に限りなく近い速さで走りながら並走する光を見ると、同じように光はほとんど止まって見えるのでしょうか？

アインシュタイン少年は、そうは考えませんでした。光が止まって見えるなどということはありえない、というのが彼の直観的な答えだったのです。

そして、彼の思考実験は、その10年後に特殊相対性理論という形で実を結ぶことになりました。

「光速度は一定不変」を原理とする逆転アイデア

１９０５年6月、青年になったアインシュタインは「運動物体の電気力学について」という科学論文を発表します。これが、２００年以上にわたり不動の地位を保ってきたニュートン力学を「古典力学」、すなわち旧式の力学の立場に追いやることになる特殊相対性理論の論文です。

アインシュタインは特殊相対性理論を作るにあたって2つの「原理」、つまり理論の土台となる前提を示しました。それは次のものです。

①**相対性原理**：どんな運動をする観測者から見ても、物理法則は同じ形になる。

②**光速度不変の原理**：どんな運動をする観測者から見ても、真空中の光の速度は同じである。

2つの原理のうち、①はニュートン力学の考え方の拡張版です。ニュートン力学では、「どんな運動をする観測者から見ても、物体の運動法則は同じ形になる」としていました。これをアインシュタインは、物体の運動法則だけでなく、電磁気学（つまり光の運動法則）を含めたあらゆる物理法則に拡げたのです。

問題は、②の光速度不変の原理です。これは、誰も考えつかなかった逆転のアイデアでした。誰もが「光の速度が一定の値になっては困る」と悩んでいたのに、アインシュタインは「光の速度が一定の値になるのは正しいと認めよう。むしろそれを原理として、新しい物理法則を作ろう」と宣言したのです。

私の「同時」と、あなたの「同時」は別である

光速度不変の原理をもとにすると、どんな新しい物理法則ができるのでしょうか。アインシュタインは論文の中で、「2つの出来事が、ある人には同時に起きても、別の人には同時には起こらなくなる」と説明しました。これを**同時刻の相対性**（または同時刻の破れ）といいます。いったい、どういうことでしょうか？

次のような思考実験をします。電車の車両の中央に、前後に向けて光を放つ発光器を置き、車両の前方の壁と後方の壁にそれぞれ受光器を設置します。電車が止ま

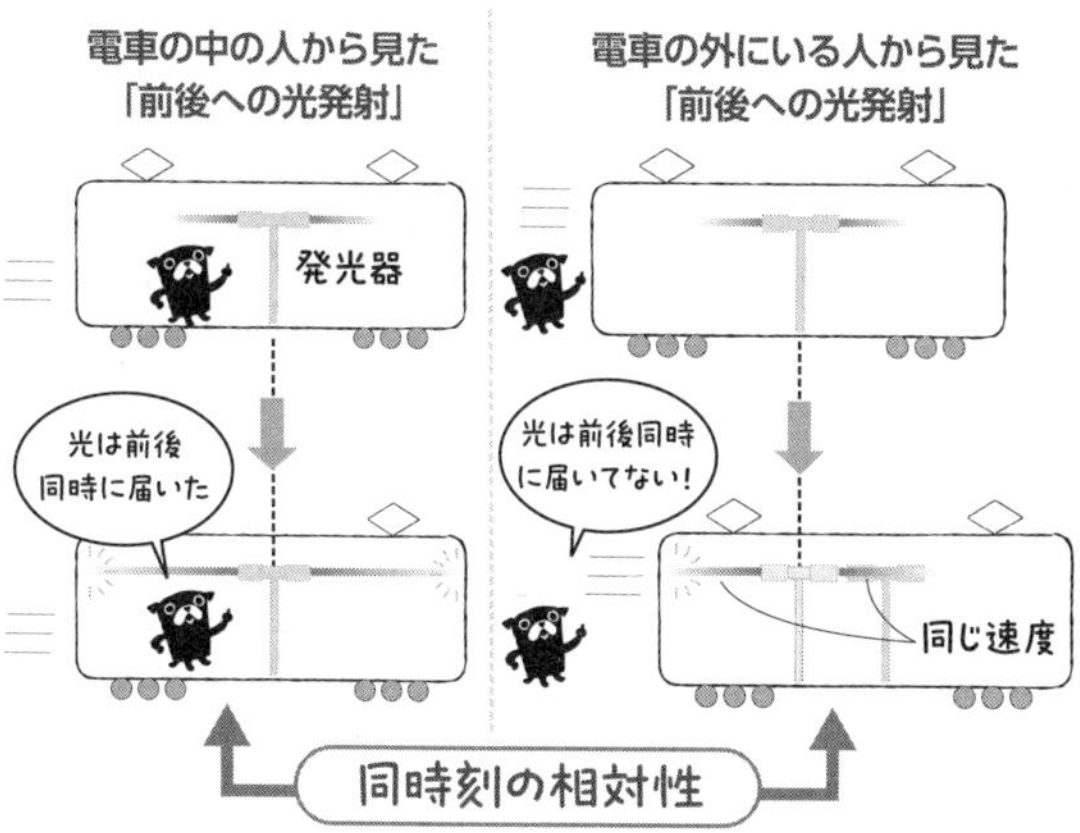

っている時、中央の発光器から光を発射すると、電車の中の人から見ても、外にいる人から見ても、前後2カ所の受光器には同時に光が届くのが見えます。発光器から受光器までの距離は前後で同じなので、これは当然です。ここで、発光器から発射された光が受光器に届くまでの時間をx秒としましょう。

　次に、電車が動くとどうなるかを見てみます（上の図の左側）。ただし、電車は一定の速度で動く（**等速直線運動**をする）ものとします。中央の発光器から光を放つと、電車の中の人からは、やはり前後の受光器に同時に光が届くように見えます。これは①の相対性原理に基づきます。私たちは、自分がどんな運動をしていても同じ物理法則が成り立つように見えるので、電車（つまり自分）が止まっている時と同じく、光は前後の受光器に同時に届くのです。

では、電車の外にいる人がこの様子を見ると、どうなるでしょう（前ページの図の右側）。光が秒速30万㎞という猛スピードでも、中央の発光器から発射されて前後の受光器に届くまで、わずかですが時間がかかります。その間、電車は少しだけ前方に進みます。そのため、光が発射された場所から前方の受光器までの距離は車体の半分より長くなり、逆に後方の受光器までの距離は車体の半分より短くなります。ここで②の光速度不変の原理を適用すると、前方の受光器へ届く時間は x 秒より長くなり、逆に後方の受光器まで届く時間は x 秒より短くなります。つまり、電車の外にいる人は「光は前後の受光器に同時には届いていない。先に後方の受光器に届き、わずかに遅れて前方の受光器に届いた」と見るのです。

同じ現象を見て、電車の中の人は「光は前後の受光器に同時に届いた」といい、電車の外の人は「光は前後の受光器に同時に届いてはいない」といえば、普通は「どちらかの主張が間違っている」と思いたくなります。でも、特殊相対性理論によると、両者の主張はどちらも正しいのです。どちらかが錯覚したり、観測に失敗したわけではありません。ある人が「AとBは同時に起きた」といい、別の人が「AとBは同時に起きていない」といっても、それは矛盾ではないよ、両者はともに正しく「同一の現象」を観測したのだよ、となるのが同時刻の相対性なのです。

03

時間の遅れは「お互いさま」
動いている時計はゆっくり進む

前項で説明した「同時刻の相対性」とは、電車の中の人には「同時に発生した」出来事が、電車の外の人には「同時ではない」出来事になる、というものでした。一見すると矛盾に思えるこの奇妙な現象は、電車の中の人と電車の外にいる人とで、時間の進み方が異なるために起こります。アインシュタインが示したのは、「運動すると時間の進み方が遅くなる」という驚くべき真理でした。

「光時計」の思考実験

特殊相対性理論によると、動いている時計は止まっている時計よりもゆっくり進むことになります。時計に機械的な不具合が生じるためでは、もちろんありません。動いている時、運動している時の時間の流れ方は、止まっている時の時間の流れ方よりも遅くなるのです。これを検証するために、次のような思考実験を行います。

筒の長さが30㎝で、上部と下部に鏡がついていて、その間を光が往復することで時を刻む「光時計」を作ります。光は1ナノ秒（10億分の1秒）の間に約30㎝進みますが、ここではピッタリ30㎝進むとしましょう。したがって、光は1ナノ秒で筒の下から上へ行き、そして1ナノ秒で上から下へ戻る、ということを繰り返し、そのたびに光時計は時を刻みます。この光時計を持った宇宙飛行士が、光速の90％で進む宇宙船に乗り込むことを考えます（なお、1ナノ秒ごとに時を刻む光時計や、光速の90％で飛ぶ宇宙船を建造することは、人類が現在持つテクノロジーでは不可能ですが、それが可能だとして頭の中で想像して行うのが思考実験です）。

さて、宇宙船がある星の近くを通り過ぎた際、その星に住む宇宙人が光時計の様

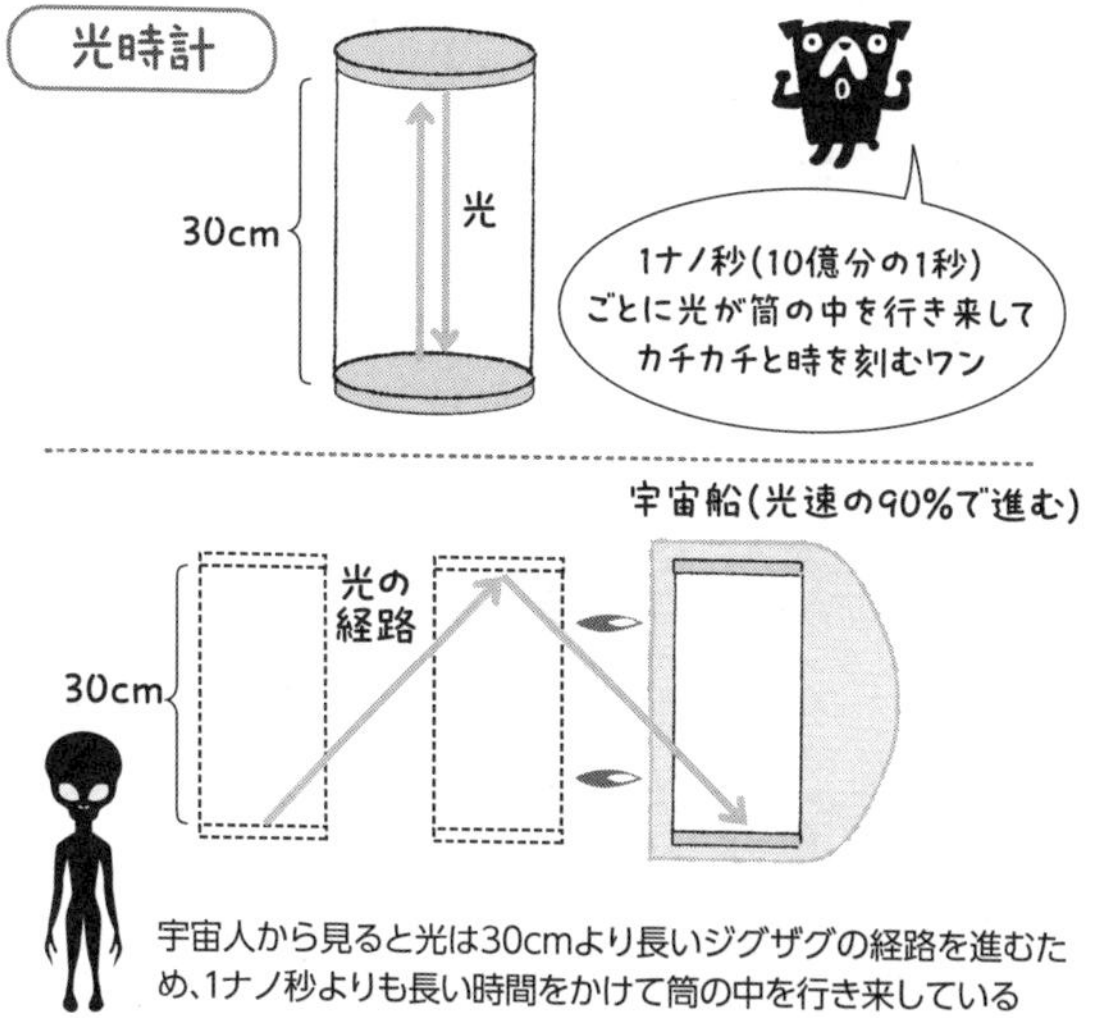
光時計
30cm
光
1ナノ秒(10億分の1秒)
ごとに光が筒の中を行き来して
カチカチと時を刻むワン
宇宙船(光速の90%で進む)
光の
経路
30cm
宇宙人から見ると光は30cmより長いジグザグの経路を進むため、1ナノ秒よりも長い時間をかけて筒の中を行き来している

子を見た時のことを考えます。この時、光時計内で光が往復する向きは、宇宙船の進行方向に対して垂直になっているとします。また、宇宙船は等速直線運動をしているものとします。

光が時計内を往復している間に、宇宙船は光の90％の速さで進んでいます。ですから宇宙人から見ると、光時計も光速の90％で移動し、内部の光はそれに合わせてジグザグの経路を描きながら反射を繰り返している様子が見て取れます（1ナノ秒ごとに光が往復する様子を目で確認するのは不可能ですが、これも思考実験ですので、念のため)。

前ページの図で見ると一目瞭然ですが、この場合、時計内の下部の鏡で反射された光が上部の鏡に届くまでに、光は30㎝よりも長い距離を進みます。ですが光速度不変の原理により、光は1ナノ秒に30㎝しか進めません。つまり宇宙人から見ると、宇宙船とともに動く光時計は1ナノ秒よりも長い時間をかけて光が往復し、ゆっくり時を刻むことになります。これは、動いている時計がゆっくり進む、すなわち動いているものは時間の流れが遅くなることを意味しているのです。

運動速度が光速に近づいて気づく真理

では、運動することで時間の流れ方はどのくらい遅くなるのでしょうか。それは次ページの図の式を使えば計算できます。この式は、ピタゴラスの定理を使えば簡単に証明できますので、導き方を知りたい人は66〜67ページの計算式を見てください。

その式を見ると、v(動いている人の速度)が光速 c にかなり近づかない限り、T'(運動している人が測る時間)は T(止まっている人が測る時間)と変わらないことがわかります。私たちが現在有するテクノロジーでは、光速の4000分の1程度

$$T' = \sqrt{1-\left(\frac{v}{c}\right)^2}\ T$$

（cは光速）

の宇宙船しか建造できません。そんな宇宙船に乗った時、時間がどれだけ遅れるかというと、T'は約０・９９９９９９９８T、つまり１秒あたりで10億分の２秒ほど遅れます。そんなわずかな時間の遅れには、誰も気づけるはずがありません。だから私たちは、運動すると時間が遅れるという真理に気づけなかったのです。

物体の運動速度が光速に近づいた時に初めて、時間の遅れの程度が顕著になります。光速度の50％で動くと、T'＝約０・８７Tになります。つまり、時間の進み方が15％ほど遅くなるのです。光速度の90％で動くと、T'＝約０・４４Tとなり、時間は２倍以上ゆっくり流れます。

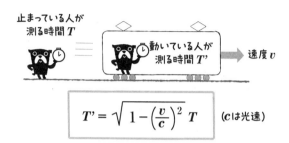

宇宙飛行士から宇宙人の星の上の光時計を見ると？

次に、先ほどの思考実験において、宇宙人が住む星の上に置かれている「光時計」を、宇宙船内の宇宙飛行士が見た時のことを考えてみます。光時計は、いったいどのように時を刻むのでしょうか。

多くのみなさんは、次のように考えるのではないでしょうか。

「宇宙人から見て宇宙船内の光時計がゆっくり進むのだから、宇宙船内の宇宙飛行士から見た星の上の光時計は、逆に速く進むはずだ」

残念ながら、この考えは間違いです。なぜなら、宇宙船内の宇宙飛行士にとっては、自分は止まっていて、星のほうが動いているからです。

「それはおかしい。動いているのは宇宙船であって、星は止まっているはずだ」

そう思われるでしょうが、これは正しくありません。なぜなら、止まっている・動いているというのは、相対的なものだからです。

たとえば、私たちは地面の上に立っている時、自分は止まっていると思うでしょうが、実際には地球ごと宇宙の中を動いています。したがって、動いている・止まっているという見方に絶対的なものはなく、あくまで自分を基準として相対的に、つまり「自分は止まっている」とみなした上で決めればよいのです。

したがって、宇宙飛行士は自分が止まっていて、宇宙人の住む星が光速の90％で運動していると考えます。そのため、星の上に置かれた光時計には「動いている時計はゆっくりと進む」という真理が適用され、光時計はゆっくりと時を刻むことになります。

時間の流れる速さは人によってバラバラである

つまり、宇宙人は通り過ぎていった宇宙船内の光時計を見て「ゆっくりと時を刻んでいる」と考えます。一方、宇宙飛行士は通り過ぎていった星に置かれた光時計を見て「ゆっくりと時を刻んでいる」と考えます。お互いに「相手の時間の流れ方は、自分の時間の流れ方よりも遅くなっている」と考えるのです。

「それは矛盾ではないか？　一方から見て相手の時間の流れ方が遅くなっていれば、もう一方から見ると相手の時間の流れ方は逆に速くなっていないといけないはずだ」

きっとみなさんはそう思うでしょうが、これは矛盾ではありません。宇宙飛行士も宇宙人も、あくまで自分を「止まっている」とみなして、時間の進み方を考えてよいのです。その結果、両者がともに「相手の時間の進み方が遅くなっている」と考えますが、これは矛盾ではなく、どちらかが錯覚しているわけでもありません。それぞれが独自の時間基準を持ち、それぞれに正しく時間を計っているのです。

時間の流れる速さは人によってバラバラで構わない、すなわち時間とは相対的なものである、というのが特殊相対性理論によって明らかになった時間の本質です。時間の流れる速さは宇宙のあらゆる場所で一定であるという、従来の暗黙の常識をくつがえし、時間の相対性を示したことこそ、特殊相対性理論の最も画期的な点だといえます。

04 素粒子の寿命の変化が教えてくれること 「長さ」も運動によって変わる

前項では思考実験によって、「動いている時計はゆっくりと進む」ことを説明しました。このことは思考実験だけでなく、実際の現象においても検証されていま す。有名なものは、宇宙から地球に飛び込んで来る**宇宙線**が引き起こす現象です。

ほぼ光速で飛行する素粒子の寿命は伸びる

宇宙からは、宇宙線という高エネルギーの素粒子（おもに陽子）が地球に降り注いでいます。宇宙線が地球の大気上層部にある原子と衝突すると、**ミューオン**という別の素粒子に変化します。ミューオンは光とほぼ同じ速さで大気中を飛行しますが、非常に不安定な素粒子であり、１００万分の２秒ほどで壊れて別の粒子に変化してしまいます。

ほぼ光速で飛ぶミューオンが、約１００万分の２秒という寿命の間に飛行できる距離を計算すると、約６００ｍとなります。地球の大気の厚さは約20㎞あるので、大気上層部で生まれたミューオンが地表までたどり着けることはないように思われます。

ところが、実際は地表で大量のミューオンの検出が確認されています。これは、ミューオンの寿命が伸びたためです。

先ほど、ミューオンは約１００万分の２秒で壊れると述べましたが、この寿命は

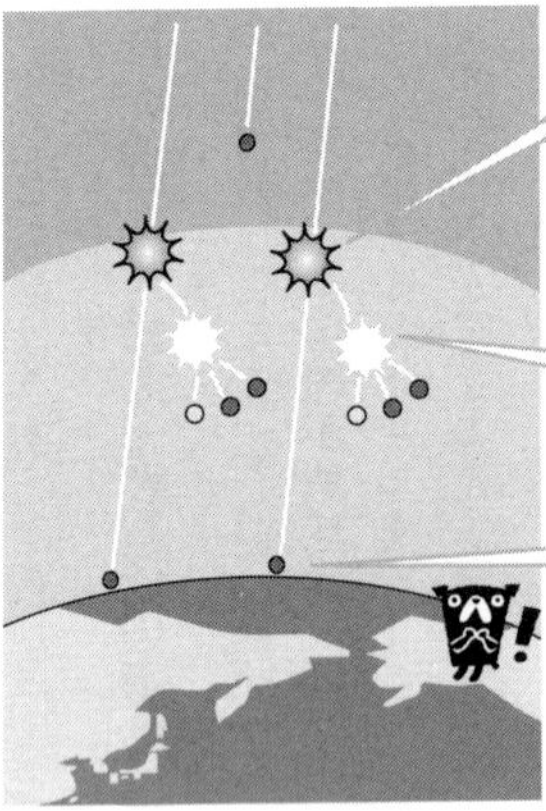
宇宙線が大気にある原子と衝突するとミューオンができる
ミューオンは約100万分の2秒で崩壊するため、計算上は約600mしか飛行できない
ところが、ほぼ光速で飛行するミューオンの寿命は約50倍に伸び、20kmある大気の層をくぐり抜けて地表まで到達する

ミューオンが止まっている場合の値です。実際にはミューオンはほぼ光速で運動しているため、寿命が大幅に伸びているのです。観測の結果、ミューオンの寿命は約50倍に伸びていることがわかっています。そのため、100万分の2秒で壊れずに厚い大気の層を通り抜けて地表まで到達できるのです。

他の例としては、素粒子の実験で使われる**加速器**の中で素粒子の寿命が伸びていることが挙げられます。加速器は、電子や陽子などの粒子にエネルギーを与えて光に近い速さにまで加速して、粒子同士を衝突させて新たな素粒子を生み出しています。この時にも、素粒子の寿命が理論値の通りに伸びていることが確認されています。

ミューオンと並んで飛ぶ人からはどう見える？

ところで、もしミューオンと並んでほぼ光速で飛行する人がいたとして、その人がミューオンを見ると、ミューオンの寿命は長くなっていません。前項でも説明したように、運動や時間の見方はあくまで自分を基準にして考えます。ですからミューオンと並んで飛行している人からすれば、ミューオンは止まっているので、ミューオンの寿命に変化はありません。したがって約100万分の2秒経てば、ミューオンは壊れてしまうのです。

しかし、大気上層部で生まれたミューオンが、大気の層を通り抜けて地表まで到達しているという事実には変わりありません。そこで、新たな真理が登場します。それは、「動くものは長さが縮む」ということです。

たとえば1mの長さの棒が光の半分の速さで動くと、棒は約87cmに縮んで見えます。光の90％の速さで動けば、約44cmに見えます。これらは次ページの図の式で計算できます。

なお、縮みが表れるのは運動の向きと同じ方向についてであり、運動の向きと垂

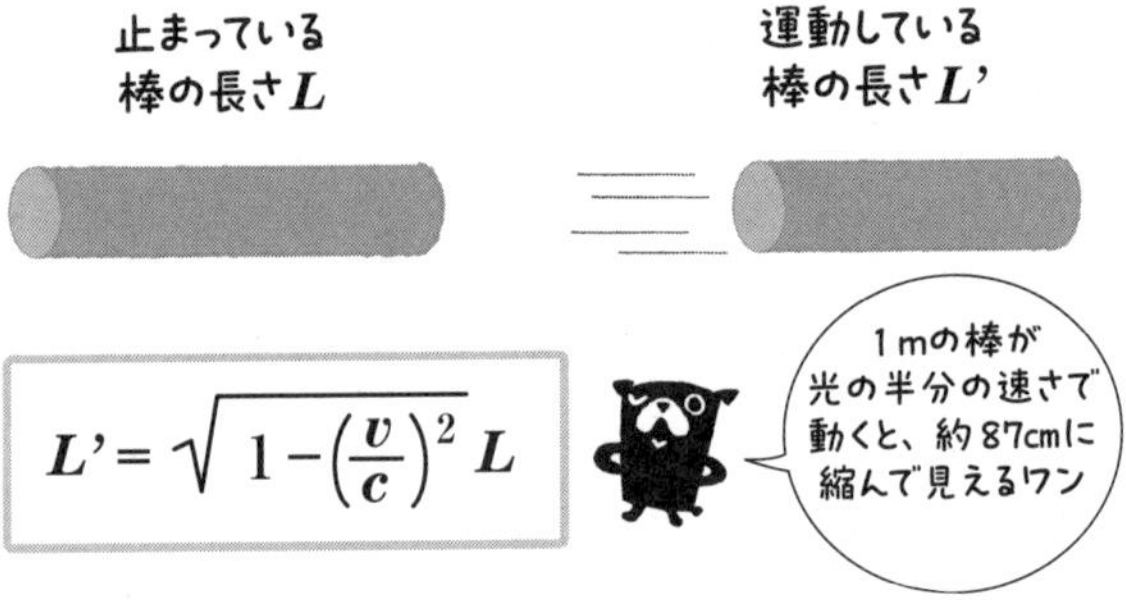
止まっている
棒の長さL
運動している
棒の長さL'
$$L' = \sqrt{1-\left(\frac{v}{c}\right)^2}\,L$$
1mの棒が光の半分の速さで動くと、約87cmに縮んで見えるワン

直な方向に縮みは表れません。また、運動の速度が光速に近くならないと、長さの縮みが顕著に表れないのは、時間の遅れの場合と同じです。

長さも相対的なものである

ミューオンと並んで飛んでいる人の立場から考えると、自分やミューオンは止まっていて、地球の大気層のほうが光とほぼ同じ速さで動いているとみなせます。そのため、動いている大気層は進行方向の長さが約50分の1、約400mに縮みます。ですから、約100万分の2秒という寿命の間に600mしか飛行できないミューオンでも、大気層を通り抜けて地表にたどり着けるのです。

なお、分厚かった大気層が物理的に押し潰

されて薄くなっているのではありません。あくまでも、運動する大気層の厚みが小さな値として計測される、ということです。

ただし、錯覚や誤認ではなく、これが正しい「長さの測り方」であることに注意してください。止まっている時の長さを、相対性理論では**固有の長さ**と呼びます。動いているものの長さは、固有の長さよりも短く計測されますが（これを「ローレンツ収縮」と呼びます）、それも長さを正しく測っています。そして、時間と同様に、空間（長さの測り方）も相対的なものであることを、特殊相対性理論は明らかにしたのです。

05 なぜ、ロケットを光速以上に加速できないのか？ 物質が秘める巨大なエネルギー

本章の最後に、特殊相対性理論の中で最も有名な方程式「$E=mc^2$」を説明しま

す。質量を持つ物質の内部には莫大なエネルギーが秘められていることを示す数式として、非常に有名です。

これまで特殊相対性理論では時間や空間の性質を取り扱ってきたのに、なぜ急にエネルギーや質量といったものが登場するのでしょうか？

あらゆるものは光速を超えて運動できない

この疑問に答えるために、まずは「物体の運動速度は光速を超えられない」ということについて説明しましょう。

42ページで、「もし光と同じ速さで動きながら光を見たら、光はどう見えるのだろうか？」というアインシュタインの少年時代の疑問について話しました。ニュートン力学における速度合成の法則（37ページ）に従うと、光は止まって見えるはずですが、アインシュタイン少年は光が止まって見えることはないだろうと考えました。

特殊相対性理論においては、速度合成の法則は次ページの図の式のようになります。式の中の網掛けの部分は、相手の速度（va）や自分の速度（vb）がよほど速くない限りほぼゼロといえるので、ここをゼロとして式を書き換えると、普通の足し

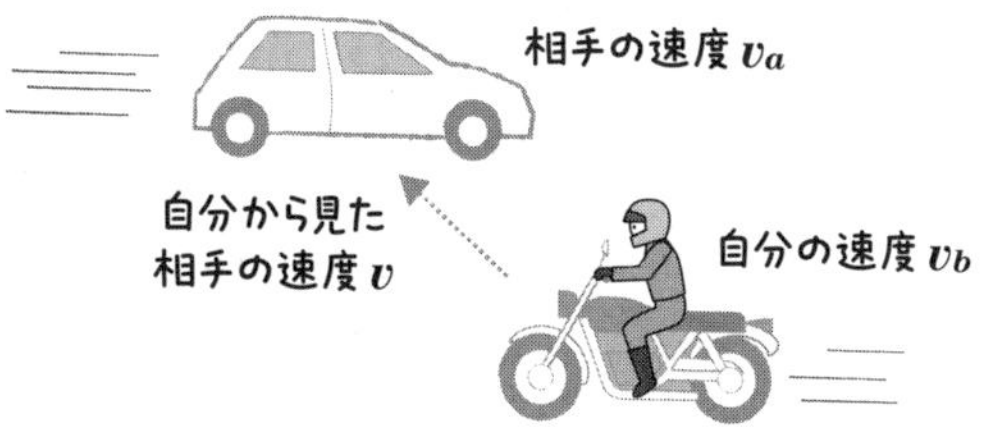

$$v = \frac{v_a + v_b}{1 + \frac{v_a v_b}{c^2}}$$

算・引き算で計算できる従来の式と同じ形になります。

つまり、ものの動きが光に比べてずっと遅い日常生活の範囲内では、従来の速度合成の式で正しいのです。従来の式は、真の式の「近似式」といえます。でも、厳密には v は $v_a + v_b$ より、ごくわずかに遅くなっていたのです。

では、私たちが光を見る時、どんな速度に見えるのでしょう。先ほどの式の v_a に光速 c を代入して式を解くと、速度 $v = c$ となります。自分がどんな速度で運動していても、光を見れば必ず一定の速度 c に見えるのです。

さらにこの式から、もう1つの真理が見えてきます。それが「v はけっし

てcを超えられない」、つまりどんなものも光速cを超える速さで運動できない、ということです。光速以下のどんな値をv_aやv_bに代入しても、vがcを超えることはありません。

運動するものは質量が増える

「あらゆるものは光速を超える速さで運動できない」という新たな真理をもとにして、次の思考実験を行います。

燃料を大量に積んだロケットを発射して、どんどん加速していくとします。普通に考えると、燃料の続く限りロケットは加速を続け、やがて光速を超えることもできそうです。しかし、光速を超えることが禁じられている特殊相対性理論によると、そうはなりません。ロケットの速度が光速に近づくにつれて、エンジンを噴射しても速度はあまり上がらなくなり、代わりにロケットの質量がどんどん増えていくのです。

ロケットが止まっている時の質量を1000トンとします。速度が光速の90%になった時、ロケットの質量は約2300トンと2倍以上になります。光速度の99%では約7倍、99・9%では約22倍と、質量は急増していきます（算式は次ページの

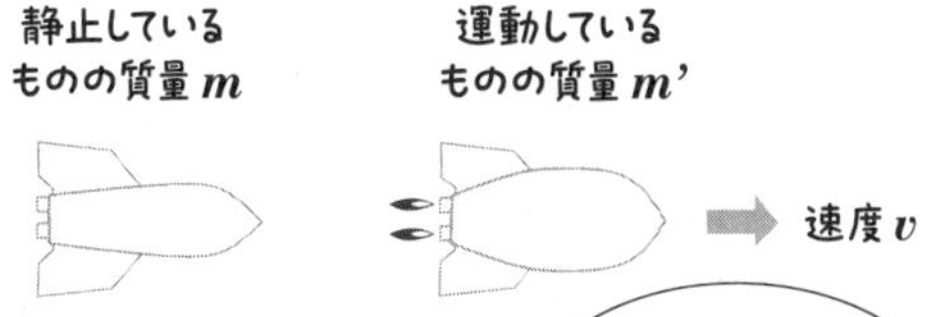

静止している
ものの質量 m
運動している
ものの質量 m'
速度 v

$$m' = \frac{m}{\sqrt{1-\left(\frac{v}{c}\right)^2}}$$

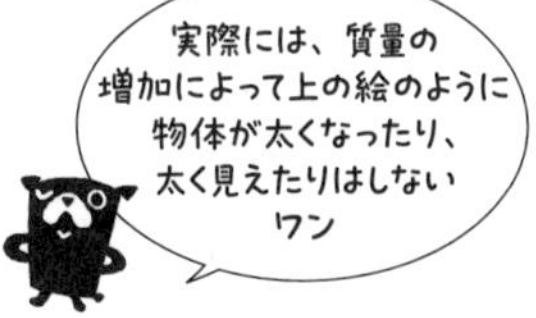

実際には、質量の
増加によって上の絵のように
物体が太くなったり、
太く見えたりはしない
ワン

図を参照)。「運動するものは質量が増える」ことも、特殊相対性理論が発見した真理です。

質量が大きいものは加速しにくいので、エンジンを噴射しても速度はあまり上がりません。ロケットの速度が光速に近づくにつれて、質量はどんどん大きくなって加速しにくくなり、どうやっても光速を超えられないのです。

エネルギーと質量は等価である

さて、先ほどのロケットの話を振り返りましょう。ロケットは速度を上げるためにエンジンを噴射している、つまりロケットにはエネルギーが加えられています。しかし、速度はさほど上がらず、その代わりにロケットの

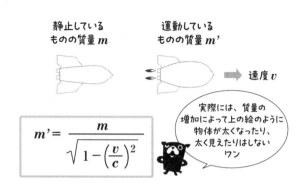

$$E = m \times c^2$$

物質が持つエネルギー	物質の質量	光速の2乗

※より正確な式は

$$E = \frac{mc^2}{\sqrt{1-\left(\frac{v}{c}\right)^2}}$$

（v：物質の速度）

質量が増えています。これは、エネルギーが質量に変換されたことを意味します。

従来の物理学では「質量保存の法則」や「エネルギー保存の法則」が成り立つと考えられていました。質量とエネルギーは、それぞれ新たに生み出されたり消滅したりすることなく、その総量が一定である（保存される）とされていたのです。しかし、特殊相対性理論は、エネルギーと質量が本質的に同一のものである（等価である）ことを明らかにしました。それを数式で示したのが「$E=mc^2$」です。

なお、一般にはエネルギーと質量の関係式は「$E=mc^2$」が有名ですが、これは物質が静止している時のものです。先ほど話したように、運動すると質量が増えるので、それを考慮して式を書き換えると、前ページの図の式のようになります。

ロケットの例ではエネルギーが質量に変わりましたが、逆に質量からエネルギーを生み出すこともできます。たとえば、ウランの核分裂反応では、ウランの原子核が分裂して複数の原子核になる時、約0・1％の質量が減ります。その質量は膨大な原子力エネルギーとして放出され、これを利用して原子力発電が行われます。また、太陽の中心部では水素がヘリウムに変わる核融合反応によって、約0・4％の質量が失われて、それが太陽の膨大なエネルギーとして放出され、地球を温めています。

核分裂や核融合では質量のごく一部しかエネルギーに変換できません。もし物質の全質量をエネルギーに変換できたとしたら、わずか5gの物質から東京ドーム1杯分の20℃の水を沸騰させられるエネルギーを取り出すことができるのです。

一方、光が速度cでZkmを進む間に、光時計は速度vでYkmを進んでいます。距離の比（$Y:Z$）は、今度は速度の比（$v:c$）に等しくなるので、

$$\frac{Y}{Z}=\frac{v}{c}\ \cdots②$$

という関係式が成り立ちます。

さて、X、Y、Zにはピタゴラスの定理が成り立つので、

$$X^2+Y^2=Z^2$$

この式の両辺をZ^2で割ると

$$\left(\frac{X}{Z}\right)^2+\left(\frac{Y}{Z}\right)^2=1$$

両辺から（Y/Z）^{2}を引くと

$$\left(\frac{X}{Z}\right)^2=1-\left(\frac{Y}{Z}\right)^2$$

両辺の平方根をとると

$$\frac{X}{Z}=\sqrt{1-\left(\frac{Y}{Z}\right)^2}$$

この式に、①と②を代入すると

$$\frac{T'}{T}=\sqrt{1-\left(\frac{v}{c}\right)^2}$$

両辺にTをかけて

$$T'=\sqrt{1-\left(\frac{v}{c}\right)^2}\,T$$

が求められます。

Column

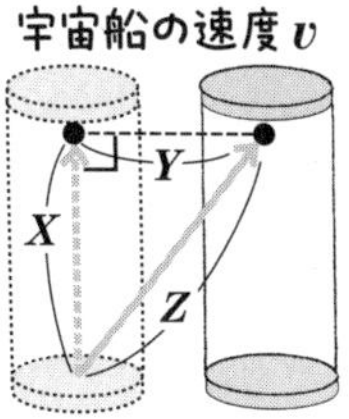

48ページの「光時計」の思考実験で、宇宙飛行士が宇宙船内の光時計を見た場合に、光が時計の下から上に届くまでの時間をT'秒（本文では1ナノ秒でしたが、ここではT'秒という変数にする）とします。また、宇宙人が宇宙船内の光時計を見た場合に、光が下から発射されて、斜めに進んで上に届くまでの時間をT秒とします。宇宙人は、光が斜めに進む分、TはT'より長い（$T>T'$）と思います。つまり、宇宙人は「T秒経った」と思っているのに、宇宙船内の宇宙飛行士は「T'秒しか経っていない」と思っている状況です。したがって、T'とTの関係式を求めれば、時間の遅れの式になります。

宇宙船の速度を$v$km/秒、光の速度を$c$km/秒とします。また、上の図は宇宙人が宇宙船内の光時計の動きを見た様子ですが、図中の三角形の辺の長さをそれぞれX、Y、Zkmとします。

さて、光はXとZを同じ速度でそれぞれT'秒、T秒かけて進みます。この場合、距離の比（X：Z）は、時間の比（T'：T）に等しくなるので、

$$\frac{X}{Z} = \frac{T'}{T} \quad \cdots①$$

という関係式が成り立ちます。

第3章

物質と時空は不可分である

～一般相対性理論の世界～

01

加速度運動や重力も取り扱える理論を作る

特殊相対性理論をバージョンアップしよう

第3章では一般相対性理論について説明していきます。

特殊相対性理論を1905年に発表すると、アインシュタインはただちに理論の改良に取りかかりました。なぜなら、特殊相対性理論が「特殊」な場合にしか使えない、限界のある理論だったためです。

加速度運動では「自分は止まっている」と思えない

特殊相対性理論の限界の1つは、「観測者が加速度運動をしているケースでは使えない」ということでした。**加速度運動**は、速度や進む方向が変化する運動です。それに対して、一定の速度でまっすぐに進む運動が、等速直線運動(45ページ)です。

実は、第2章で説明した特殊相対性理論は、観測者が等速直線運動をしている場合だけを考えて作られた理論でした。そのため、観測者が加速度運動をしている場合、特殊相対性理論をそのまま適用できないのです。

観測者が加速度運動をしていると、何が問題なのでしょうか？　52ページでは、動いている・止まっているという見方に絶対的なものはなく、あくまで自分を基準として相対的に、つまり「自分は止まっている」とみなした上で決めればよい、と説明しました。しかし、観測者が加速度運動をしている時は、自分が止まっているとは考えられないのです。

たとえば、一定の速度で飛んでいる飛行機の機内にいると、自分が時速1000km以上の猛スピードで運動していることには気づきにくいでしょう。窓の外を見なければ、「止まっている」と勘違いすることもあるほどです。

でも、飛行機が離陸や着陸の際に速度を急激に変化させると、体が座席に押しつけられたり、逆に前方に投げ出されそうになったりして、自分が運動していることを否応《いやおう》なく意識させられます。とても「自分は止まっている」とは思えません。このように、自分が動いていることが自明となるケースでは、特殊相対性理論をそのまま適用できないのです。

また、観測者が等速直線運動をしている場合だけを考えたほうが、理論的にずっと簡単になります。後で説明しますが、観測者が加速度運動をしている場合の時間や空間の性質を探るためには、非常に複雑な計算式を解く必要がありました。そこでアインシュタインは、まずは等速直線運動をしている観測者だけに適用できる理論を作ったのです。

重力の理論と矛盾する

特殊相対性理論には、「重力を取り扱えない」というもう1つの限界がありました。重力が働いている場面では、特殊相対性理論を適用できなかったのです。

また、当時の重力理論である「万有引力の法則」によると、重力は「時間ゼロ」で伝わる、すなわち無限大の速度で伝わることになっていました。しかし、特殊相対性理論では「あらゆるものは光速を超える速さで運動できない」（60ページ）と考えます。重力が無限大の速度で伝わるとすると、これに矛盾してしまうのです。

もし重力が無限大の速度で伝わると、時間が相対的なものではなくなるという問題も生じます。たとえば「3時ちょうど」という信号を、重力が伝わる速さを利用した信号で一瞬のうちに全宇宙に送ります。その1分後に「3時1分」という重力信号を、やはり一瞬のうちに全宇宙に送ります。すると全宇宙において、同一の

「1分間」を計ることができます。特殊相対性理論では時間は相対的なものであり、絶対的な時間の計り方は存在しないと考えるので、これも大変まずいのです。

そこでアインシュタインは10年の歳月をかけて理論を改良し、ついに１９１５年に一般相対性理論を完成させます。この理論は、単に特殊相対性理論の限界を乗り越えただけではなく、万有引力の法則を書き換える新しい重力理論にもなりました。一般相対性理論によって、重力の未知の性質が解き明かされたのです。

02 自由落下する飛行機の中で起きること
加速度運動で重力を消すことができるか？

一般相対性理論を作るまでに10年かかったことからわかるように、アインシュタインは理論の改良に苦闘を強《し》いられました。そんな中で、１つの転機になった〝発見〟がありました。のちにアインシュタインが、「生涯で最も幸福なひらめき」と語ったほどです。それは、重力の最も大事な性質についての発見でした。

重力は加速度運動で消したり作ったりできる

アインシュタインがひらめいたこと、それは「重力は加速度運動によって消すことができる」ということでした。これを、次の例で説明してみましょう。

高度数千mの上空まで飛行機で到達した後、エンジンを止めるという状況をイメージしてください。すると、飛行機は地球の重力に引かれて自由落下を始めます。この時、機内の人は体がふわふわと宙に浮いて、あたかも重力が消えたような状態になります。宇宙空間における無重力状態の擬似体験として、こうしたことを行っている様子を映像でご覧になったことがある方も多いでしょう。

重力が消えたような状態になるのは、飛行機と機内の人が同じ速度で自由落下しているためです。飛行機に窓がなければ、機内の人は自分が重力によって落下しているのか、それとも無重力の宇宙空間にいるのか、区別できないでしょう。

自由落下運動は、重力によって落下速度がどんどん増していく加速度運動です。つまり、重力は加速度運動によって消すことができるのです。重力が消えた状態では、特殊相対性理論が適用できます。

逆に、重力を加速度運動によって作り出すこともできます。無重力の宇宙空間にいる宇宙船の内部は、やはり無重力空間になっています。しかし、宇宙船がエンジンを噴射して加速すると、内部の宇宙飛行士たちは宇宙船の進行方向とは逆向きに体を押しつけられます。これは宇宙船内に擬似的な重力が生まれた状況であり、加速度運動によって重力が作り出されたのです。

このように、重力は加速度運動によって消したり作ったりすることができます。これを**等価原理**と呼びます。重力と加速度運動が等しい価値を持つ、という意味です。

重力の影響は完全に消えたわけではない

ここで、先ほどの「自由落下する飛行機」の話に戻りましょう。上空でエンジンを切って自由落下（加速度運動）する飛行機の中では、重力が消えたように見えます。しかし、重力の影響は完全に消えたわけではありません。

機内の人の左右両側に、ボールがあるとします。飛行機が自由落下している時、2つのボールもやはり、ふわふわと宙に浮いています。飛行機が上空数千mから落下する際には、ボールの様子に特に変化は見られません。ですが、もし飛行機が何

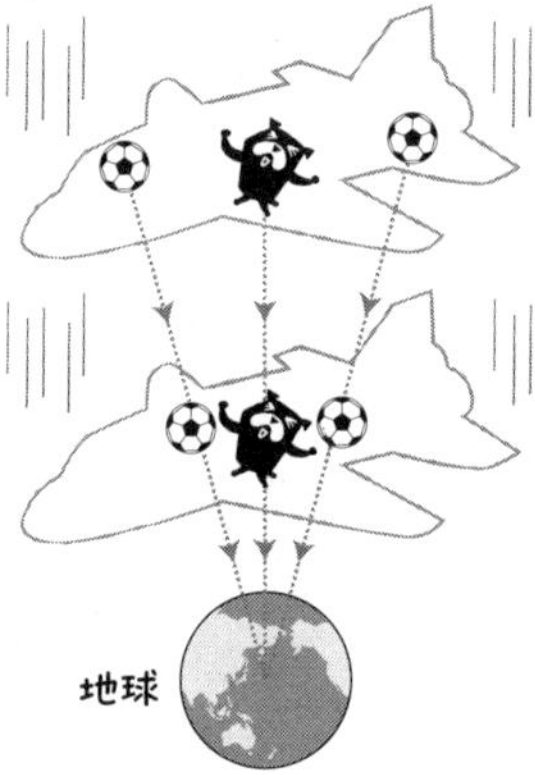
自由落下する飛行機の中では、重力が消えたように見える
２つのボールが近づいて間隔が狭くなる。これは完全には消えていない重力の影響である

百km、何千kmも落下する場合、２つのボールが少しずつ近づいて、間隔が狭くなっていくことに気づくはずです。

２つのボールの間には重力（万有引力）が働いていますが、その影響はごくわずかです。影響が大きいのは、消えずに残っている地球の重力です。

重力によって物体が落下する時、物体は必ず重力を及ぼす相手の中心に向かって落下します。したがって、離れた位置にある２つのボールは、それぞれ地球の中心方向へ落下するために、落下の方向がわずかに異なり、その影響でボール同士の間隔が狭くなっていくのです。

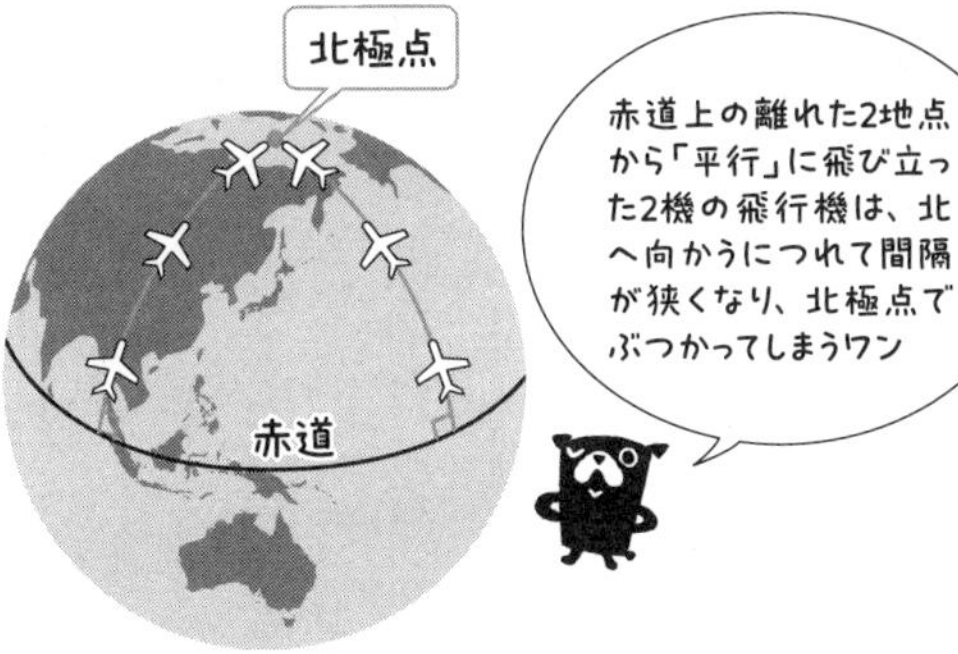
北極点
赤道
赤道上の離れた2地点から「平行」に飛び立った2機の飛行機は、北へ向かうにつれて間隔が狭くなり、北極点でぶつかってしまうワン

「曲がった平面」の上を飛行機が平行に飛ぶとどうなるか

このように、一見すると重力が消えたような状況でも、重力は2つの物体を近づける役割を果たすことがわかります。そして、これとよく似た例が実はあるのです。

2機の飛行機が、それぞれ地球の赤道上にある離れた2つの場所から北に向けて、地球の経度の線に沿って同時かつ同じ速度で出発したとします。地球儀を見ると、赤道上では経度の線はすべて平行になっています。したがって、2機の飛行機は互いに「平行」に飛び立ったことになります。

普通に考えると、平行に飛んでいる飛行機同士の進路が交差することはありません。しかし、この2機の飛行機は、北へ向かうにつれて間隔が次第に狭くなり、ついに北極点では衝突してしまいます。

その理由は、みなさんもすぐにおわかりでしょう。飛行機は丸い地球の上を飛ぶからです。地球の表面に沿って、つまり丸い曲面上を飛んだために、平行な向きに出発したはずの2機の飛行機は、次第に近づいて最終的に衝突してしまうのです。

アインシュタインは、ボール同士が重力の影響によって近づくことと、曲面（曲がった平面）上を平行に飛ぶ2機の飛行機が近づくこととの類似性に注目しました。そして、革命的な発想にたどり着いたのです。それは、重力による運動とは「曲がった時空」の中を物体が動くことである、というものでした。

03

重力は時空の曲がりが生み出す力だった！

物質があると周囲の時空が曲がる

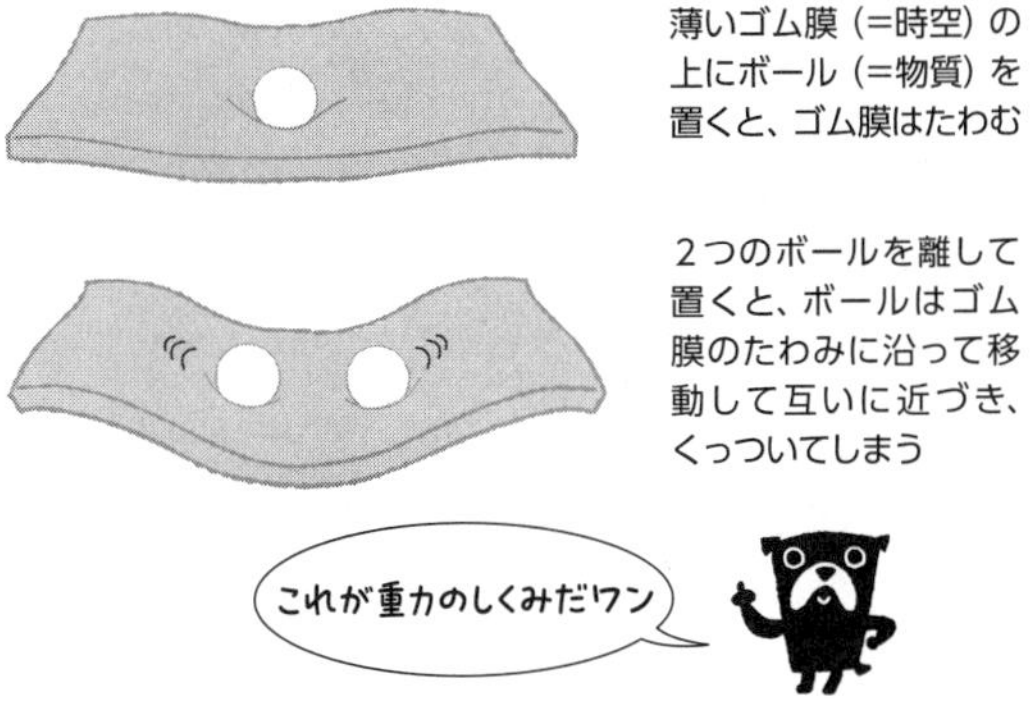

薄いゴム膜（＝時空）の
上にボール（＝物質）を
置くと、ゴム膜はたわむ
2つのボールを離して
置くと、ボールはゴム
膜のたわみに沿って移
動して互いに近づき、
くっついてしまう

前項の最後に、「曲がった時空」という言葉が出てきました。時空が曲がるとは、どういうことか想像しづらいことでしょう。一方、私たちは2次元の「平面」が曲がると「曲面」になることは理解できます。そこで、2次元の「膜」をイメージして、アインシュタインの考えを理解してみます。

曲がった時空をゴム膜でイメージする

特殊相対性理論では、空間と時間を一体の「時空」として考えることを説明しました。それは一般相対性理論でも同じです。

そこで、4次元（空間3次元＋時間1次元）の時空を、2次元の薄いゴム膜のようなものだと考えます。上に何も乗っていない時は、ゴム膜はまっすぐに張っています。これは、時空の内部に物質が何もない状態を表しています。

ここで、上に野球のボールを置くと、ゴム膜は下にたわみます。これが、物質によって時空が曲がった状態です。つまり、物質が存在すると、その周囲の時空は曲がるのです。

次に、先ほどの野球ボールと同じ大きさの鉄製のボールをゴム膜の上に置くと、ゴム膜はより大きく（深く）たわみます。つまり、重い物質（大きな質量の物質）ほど、時空はより大きく曲がります。

今度は、ゴム膜の上に2つの野球ボールを、少し離して置きます。するとゴム膜はやはり下にたわみますが、同時に2つのボールはゴム膜のたわみに沿って移動して近づき、最終的にくっついてしまいます。アインシュタインは、これこそが重力が働くしくみなのだ、と考えました。

それまで誰も、なぜ物質には重力が働くのかを説明できませんでした。アインシュタインは、物質が存在するとその周囲の時空が曲がり、その曲がりのために物質が移動することが重力による運動なのだ、と見抜いたのです。これは、一般相対性理論の最大の成果だといえます。

また、アインシュタインは重力も有限の速度で伝わると考えました。重力は時空の曲がりが生み出す力なので、時空の曲がりや伸び縮みが波のように周囲に伝わる速さも有限の値になると考えたのです。

時空の曲がりを表す方程式

アインシュタインは、重力とは時空の曲がりが引き起こす力だと考えて、それを表す方程式を作り出そうとしました。そして完成したのが、**アインシュタイン方程式**（あるいは**重力場《じゅうりょくば》の方程式**）と呼ばれるもので、一般相対性理論の核となる方程式です。

次ページの図に書いた式の左辺は、時空がどのように曲がっているのかを、**リーマン幾何学**に基づいて表しています。リーマン幾何学は、19世紀半ばに活躍したドイツの数学者リーマンが創始した、曲がった時空における幾何学です。一方、式の右辺は、物質がどのように分布し、運動しているかを示しています。

つまり、アインシュタイン方程式は、物質がどのように分布し、どんな運動をしているのかという条件を与えると、その周囲の時空がどのように曲がるかを示します。

アインシュタイン方程式（重力場の方程式）

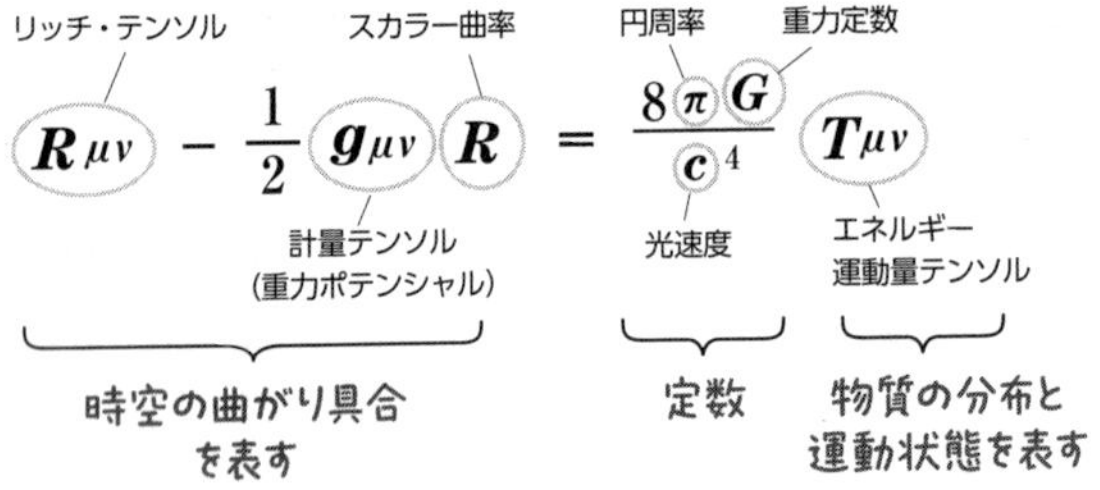

たとえば、みなさんが家に帰ると、帰宅前に比べて家の内部の時空はごくわずかですが「**曲率**（リーマン幾何学で使われる、時空の曲がり具合を表す値）が正」の方向に曲がります。曲率が正の方向とは、三角形を描くと、内角の和が１８０度よりも大きくなる方向のことです。

平面に三角形を描くと、その内角の和は必ず１８０度になります。しかし、球面の上に三角形を書くと、内角の和は１８０度よりも大きくなります。帰宅前の家の時空のほうがより「平ら」であり、三角形の内角の和はより１８０度に近かったといえます。

そして、このアインシュタイン方程式を解くこと、つまり時空がどのように曲がっているのかを求めることで、ブラックホールの存在や宇宙の膨張など、さまざまな予言を導き出すことができます（これらについては、第4章以降でくわしく紹介します）。

時空と物質を〝統一〟する

一般相対性理論の素晴らしさは、物質が周囲の時空を曲げることに気づいたこと、すなわち無関係と思われていた物質と時空とが、お互いに影響し合うものであることを明らかにしたことにあります。

物質が存在することが時空の曲がり方を決め、逆に時空の曲がり具合が重力による物質の運動を決めます。時空と物質はそれぞれ独立に存在するものではなく、不可分の関係にあったのです。

特殊相対性理論は、それまで別々に扱われていた時間と空間を「時空」として統一しました。そして一般相対性理論は、それまで「中身」と「容れ物」として別々に扱われていた物質と時空を統一、すなわち時間・空間・物質をすべてまとめ上げた理論なのです。

04

日食の観測で時空の曲がりを確かめる

一般相対性理論を検証する

一般相対性理論は、物質があると周囲の時空は曲がると説明します。しかし、私たちの周囲の時空は実際にはほとんど曲がっていません。なぜなら、物質の質量が小さ過ぎるからです。地球ほどの質量でも、周囲の時空はほとんど曲がっていません。太陽ほどの質量になって初めて、時空の曲がりを検証することが可能になります。

太陽の側を通る光は曲がる？　曲がらない？

太陽の周囲で時空が本当に曲がっているかどうかは、太陽の側を通る光の進路を調べることでわかります。光は遮《さえぎ》るものがない限り、まっすぐ一直線に進みます。しかし、時空が曲がっていると、光の進路もその曲がりに沿って曲がるのです。

まぶしく輝く太陽の側を通る光の進路を観測することは、普通に考えると困難に

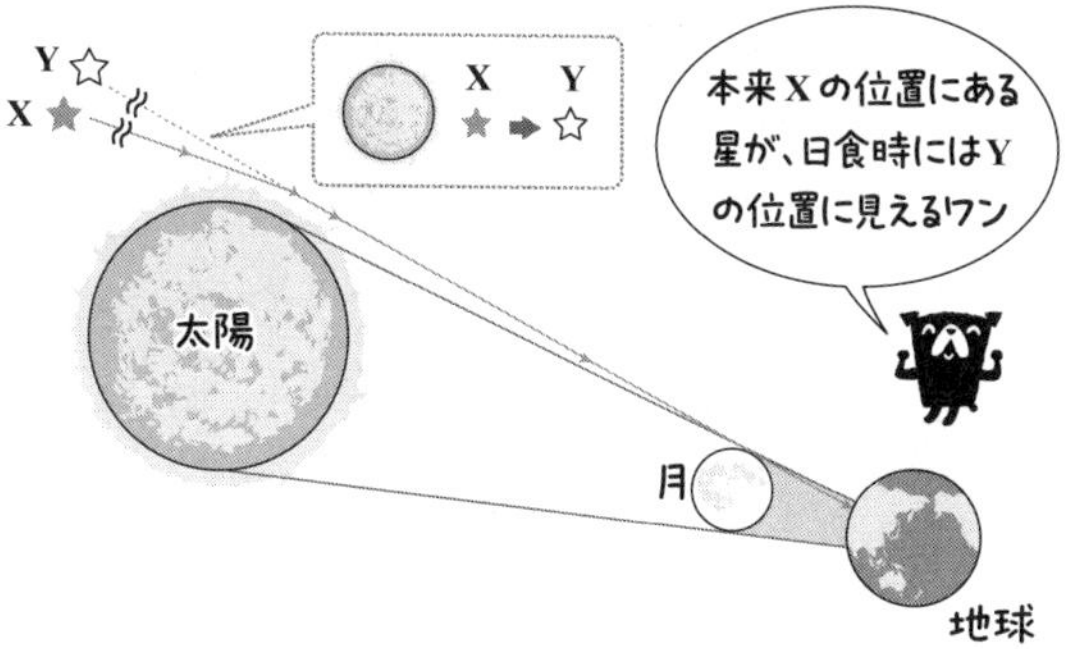
Y
X
X
Y
本来Xの位置にある
星が、日食時にはY
の位置に見えるワン
太陽
月
地球

思えます。そこでアインシュタインは、**日食**の時に太陽の近くに見える星の位置を調べることで、一般相対性理論が検証できると主張しました。

月が太陽を隠す日食の際には、太陽のすぐ近くに見える星からの光が観測できます。その星が普段、夜に見える位置（X）ではなく、ずれた位置（Y）に見えれば、空間が曲がっているという検証ができるのです。

1919年5月、イギリスの天体物理学者エディントンが南半球で起きた皆既《かいき》日食を観測しました。その結果、太陽の近くに見えるおうし座の星の位置が、夜に比べて1・61±0・3秒角（1秒角は1度の3600分の1の角度）ずれていることが確かめられました。一般相対性理論で計算したずれの理論値は1・75秒角だったので、予想と見事に一致したのです。

このニュースは世界中に報道され、アインシュタインは「ニュートンを超える天才科学者」として最大級の賛辞を送られました。それまで相対性理論の正しさに半信半疑だった人たちも、アインシュタインを支持するようになったのです。

水星の軌道変化も説明できた一般相対性理論

もう1つ一般相対性理論の正しさの証明として、**水星の近日点《きんじつてん》移動**の謎を解いたことが挙げられます。

惑星は太陽のまわりを楕円軌道を描いて公転しています。しかし、太陽に最も近い水星の公転軌道を調べると、完全な楕円にならず、次ページの図のような花びら模様を描いていることがわかりました。

公転軌道上で、惑星が太陽に最も近づく場所を近日点といいます。軌道が花びら模様になる水星は近日点も移動しているので、これを近日点移動と呼びます。水星の近日点移動は、100年で574秒角になることが知られていました（図は水星の軌道の潰れ具合や近日点における太陽と水星の距離の近さ、および近日点移動の角度を

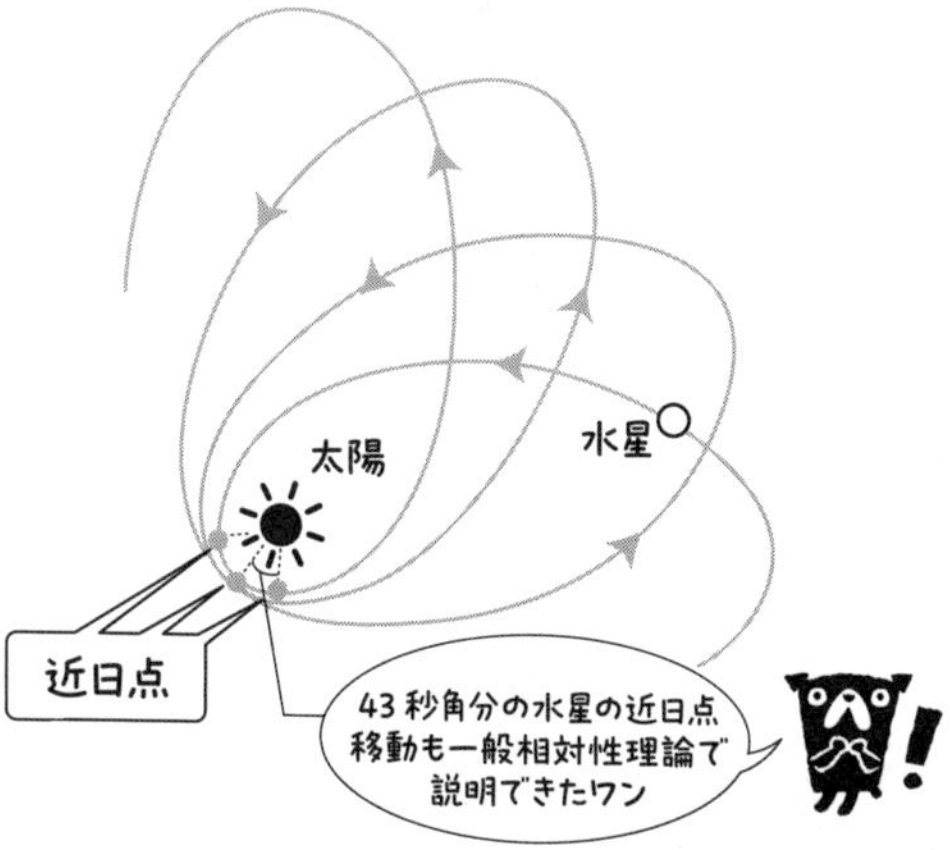
太陽
水星
近日点
43秒角分の水星の近日点
移動も一般相対性理論で
説明できたワン

誇張して描いています)。

水星が近日点移動を行う理由として、他の惑星(金星や地球、木星など)が及ぼす重力の影響であることが予想されました。ところが、その影響を計算で求めたところ、531秒角分の移動は説明できましたが、43秒角分足りなかったのです。

そこで、水星のさらに内側に未知の惑星があって、その重力が影響しているのではないかと考えられました。しかし、そうした惑星は発見できませんでした。

アインシュタインは1915年、完成したばかりの一般相対性理論を使って、太陽の周囲の時空がどのように曲がっているのかを計算しました。すると、水星の軌道が時空の曲がりの影響で、さらに43秒角分多く近日点移動を行うことが導かれたのです。近日点移動の謎を解いたのと同時に、一般相対性理論の正しさを確信できたことから、アインシュタインは数日間興奮して我を忘れたと述べています。

05

相対性理論に基づく補正がGPSを支える
重力は時間の進み方を遅らせる

特殊相対性理論は「動いている時計はゆっくり進む」という時間の不思議な性質を明らかにしましたが、一般相対性理論も時間に関する新たな真実を発見しました。それは、「重力を受けた時計はゆっくりと進む」というものです。強い重力を受けるほど、時間はゆっくりと流れるのです。

重力を受けた光を遠くから見ると……

なぜ重力によって時間がゆっくりと流れるのか、これを説明するのは簡単ではないので、本書では説明を割愛します。一般相対性理論はリーマン幾何学など高度な数学を駆使して理解できるものですが、その結論の1つとして、重力の強い場所では時間が遅れることが導かれるのです。

ところで、重力が強い場所から放たれた光を、重力の影響を受けない（重力源から十分遠くに離れた）観測者が見ると、光の波長が長くなっているように見えます。光は電磁波という波の一種であり、また波長とは波の1つの山から次の山までの長さのことです。波長が長ければ、波はゆっくりと振動します。これは、重力によって時間の進み方が遅くなったために、振動もゆっくりになったのだと理解できます。

振動がゆっくりになり、その分波長が長くなった光は、もとの色より赤みがかって見えます（可視光の中では青い色の光は波長が短く、赤い色の光は波長が長いため）。このように重力によって光の波長が長くなり、光が赤みがかって見えることを、重力による**赤方偏移**《せきほうへんい》といいます。

光（電磁波）は、波長が長いほどエネルギーが小さくなるという性質を持ちます。したがって、重力による赤方偏移とは、光が重力を振り切って進もうとする時にエネルギーを失う現象であるとも理解できます。そして同時に、光の波の振動がゆっくりになる、つまり重力によって時間の進み方が遅くなっていることを表しているのです。

GPS衛星の時計が受ける速度と重力の影響

重力を受けた時計がゆっくり進むことは、身近な製品に応用され、私たちの生活を支えています。それは、カーナビや携帯電話などに使われている**GPS**です。

ＧＰＳ（Global《グローバル》 Positioning《ポジショニング》 System《システム》、全地球測位システム）は、高度約２万kmの軌道上を約半日で周回する複数の人工衛星から電波を受信し、自分の現在位置を把握するシステムです。受信機がＧＰＳ衛星からの電波を受信すると、電波の発信時刻と受信時刻の差から衛星までの距離がわかります。衛星の位置は正確に把握されているので、三角測量のしくみによって、自分の現在位置が約10m単位で正確に割り出せるのです。

さて、ＧＰＳ衛星は高度約２万kmの上空を、秒速４kmという猛スピードで周回し

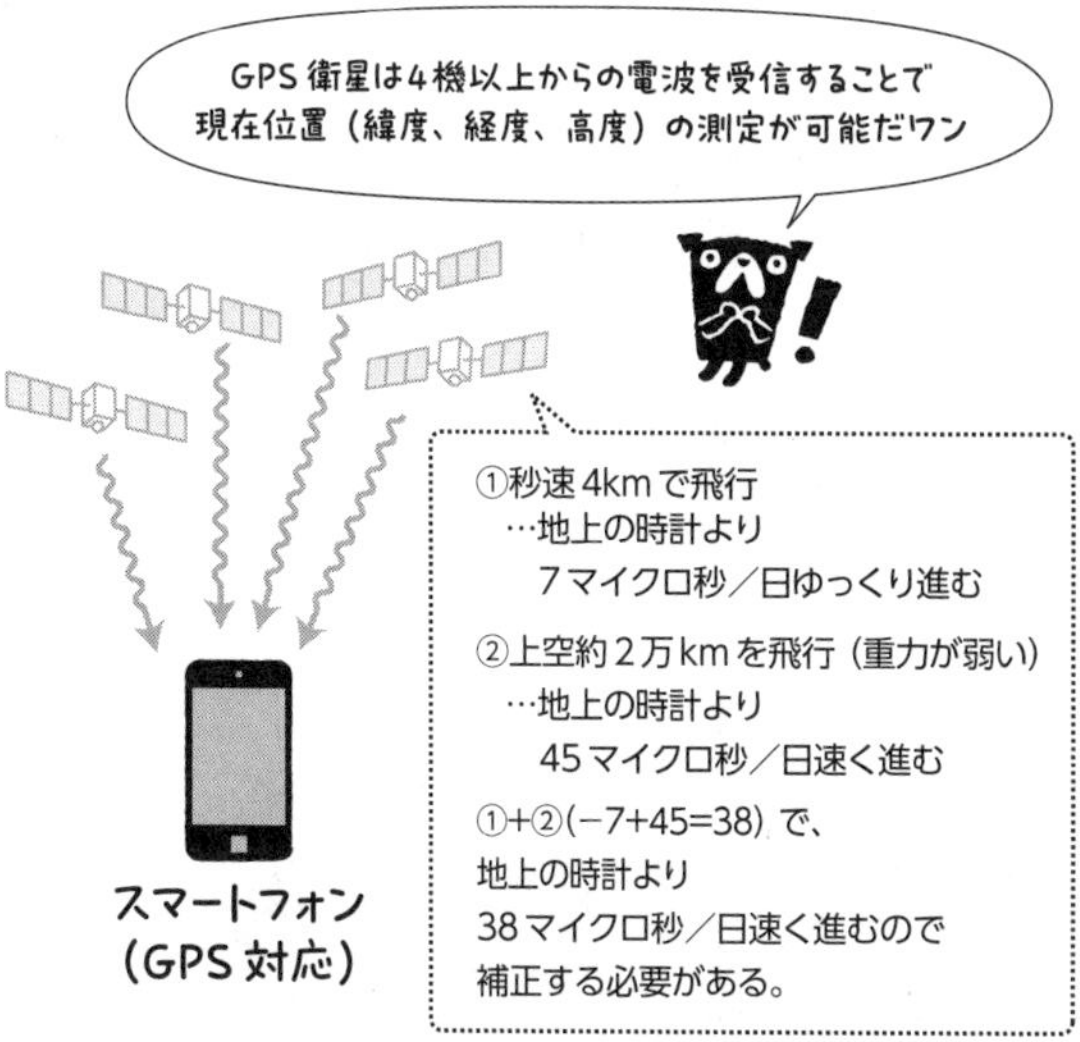
GPS衛星は4機以上からの電波を受信することで
現在位置（緯度、経度、高度）の測定が可能だワン
①秒速4kmで飛行
…地上の時計より
7マイクロ秒／日ゆっくり進む
②上空約2万kmを飛行（重力が弱い）
…地上の時計より
45マイクロ秒／日速く進む
①+②(−7+45=38)で、
地上の時計より
38マイクロ秒／日速く進むので
補正する必要がある。
スマートフォン
（GPS対応）

ています。GPS衛星には電波の発信時刻を知らせるための精密な時計（原子時計）が積んでありますが、この時計には相対性理論に基づく補正が施されています。

具体的には、まず特殊相対性理論が明らかにした「動いている時計はゆっくり進む」という作用が働きます。そのため地球上の時計に比べて、1日あたり7マイクロ秒（100万分の7秒）だけゆっくりと進みます。

その一方で、一般相対性理論による「重力を受けた時計はゆっくり進む」という作用が働きます。地球の重力の影響は地上よりも上空のほうが小さいため、上空にあるGPS衛星の時計は、地上の時計に比べて1日あたり45マイクロ秒だけ速く進むことになります。

運動による影響と重力による影響の両方が合わさった結果、GPS衛星の時計は地上の時計よりも1日あたり38マイクロ秒速く進みます。これを補正するために、GPS衛星の時計は地上の時計よりも1日あたり38マイクロ秒ゆっくり進む設計になっています。

もし、GPS衛星の時計を相対性理論に基づいて補正しなければ、1日で38マイクロ秒の狂いが生じます。わずかな値に思えるかもしれませんが、電波の速度は光と同じく秒速約30万kmなので、38マイクロ秒の間に約11kmも進みます。自分の現在位置の計測が1日で11kmも狂ってしまっては、お話になりません。現代のハイテク社会は、相対性理論の恩恵の上に成り立っているのです。

ちなみに日本では従来、アメリカのGPS衛星を使って位置を測定していましたが、衛星の軌道が日本の真上を通らないため、ビルの谷間や山間部では電波が届かないことがありました。そこで２０１０年、準天頂衛星「みちびき」の初号機が打ち上げられました。準天頂衛星とは、特定の地域の天頂付近に長く滞在する衛星のことです。みちびきは日本～インドネシア～オーストラリア上空（高度約3万2000～4万km）を8の字に回る独特の軌道を描いて、およそ秒速2・9～3・3kmで飛行しています。そして、みちびきのデータを受信して測位を行う際に、ユーザ側で相対性理論に基づく時計の補正を行います。

その後、みちびき2号機（準天頂衛星）、3号機（静止衛星）、4号機（準天頂衛星）が次々と打ち上げられ、2018年11月から4機体制で測位サービスの提供を開始しました（2021年10月に初号機の後継機が打ち上げられ、初号機は運用停止）。みちびきはGPSと互換性のある電波を送信しているので、GPS衛星を使った測位システムを補完する役割を果たすことができ、GPSの電波が届きにくかったビルの谷間や山間部でも安定的に位置情報が得られるようになりました。また、GPSでは10m程度だった測位精度が、専用の受信機でみちびきの電波を受信することで数cm単位にまで高精度化されました。今後、さらに3機の衛星を打ち上げて、7機体制でみちびき単独での測位を可能にして、自動車や農耕車の自動運転やドローンによる物資輸送、さらにはITや防災などさまざまな分野で測位情報を利活用することが期待されています。

06

宇宙旅行をすると歳をとらない？
双子のパラドックスを解き明かす

相対性理論に関する話として必ず登場するのが、**双子のパラドックス**という有名な問題です。これは、相対性理論を正しく理解していないために生じる誤解だといえます。

歳をとらないのは双子の兄か弟か？

双子の兄弟のうち、兄は光速近くで飛行する宇宙船に乗り込み、弟は地球に残るという状況を考えます。宇宙船は地球を出発して、遠方のとある星へ向けてまっすぐに飛んでいき、その星に着いたらすぐに方向を変え、今度は地球に向けてまっすぐに戻ってきたとします。

ここで問題です。地球で兄弟が再会した時、双子の兄弟の年齢はどうなっているでしょうか？（すぐに続きを読まずに、みなさん少し考えてみてください）

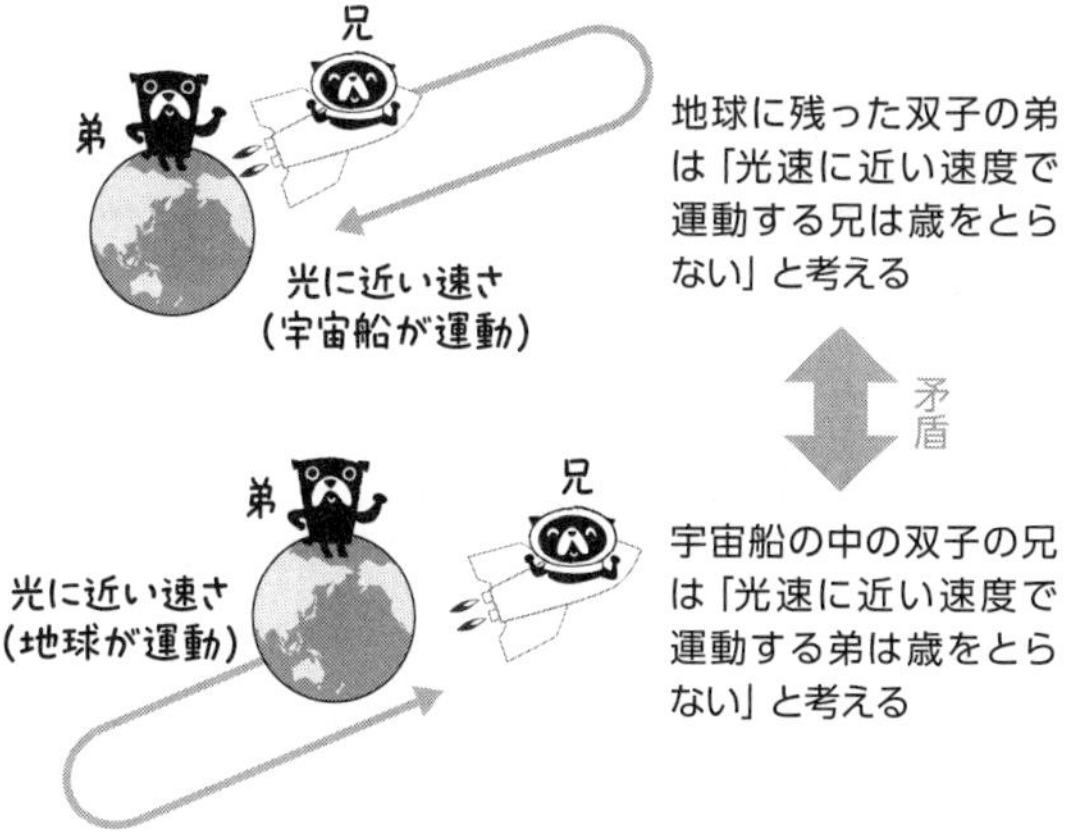
兄
弟
光に近い速さ
(宇宙船が運動)
地球に残った双子の弟は「光速に近い速度で運動する兄は歳をとらない」と考える
矛盾
弟
兄
光に近い速さ
(地球が運動)
宇宙船の中の双子の兄は「光速に近い速度で運動する弟は歳をとらない」と考える

よろしいですか？　では、答えを申し上げましょう。

特殊相対性理論によると、動いている時計はゆっくり進みます。つまり、光速に近い速度で宇宙を旅してきた兄のほうが時間の進み方が遅くなるので、地球に残った弟に比べるとあまり歳をとらず、若いままでいられるのです。

SFでは、宇宙旅行をして地球に帰還した宇宙飛行士は若いままで、地球に残った伴侶や子供がすっかり歳をとっている、といった描写がよく登場します。これは**ウラシマ効果**と呼ばれたりします。

ちなみに、ウラシマ効果はなにも光

速に近い宇宙船に乗らないと生じないわけではなく、運動する者はすべて時間の進み方が遅くなります。でも、運動速度が光速よりもずっと遅い場合、時間の遅れは計測できないほどわずかなので、私たちがそれに気づかないだけです。

さて、話はまだ終わりません。52ページで、「宇宙船内の宇宙飛行士から見ると、通り過ぎた星に置かれた時計の進み方がゆっくりになっている。だが、その星に住む宇宙人から見ると、通り過ぎた宇宙船内の時計の進み方がゆっくりになっている」という話をしたのを思い出してください。動いている・止まっているという見方は自分を基準として、自分は止まっているとみなして、動いている相手の時間が遅くなっていると考えてよい、と説明しました。

そこで先ほどの話も、宇宙船内の兄から見ると光速近くで動いていたのは地球に残った弟であり、弟のほうが歳をとっていない、とも考えられます。では、いったい歳をとらないのは兄と弟の、どっちなのでしょうか?

これが双子のパラドックスです。

カギは「加速度運動をしたのはどちらか?」

双子のパラドックスを解決するには、互いに「向こうの時計はゆっくりと進んでいる」と考えていいのは双方が等速直線運動をしている場合であることに気づく必要があります。特殊相対性理論は、観測者が等速直線運動をしている場合だけを考えて作られた理論であることは、本章でも述べた通りです。

しかし、今回の状況では双子の兄が乗った宇宙船が地球を出発する時や、目的の星に到着後に地球のほうへ進行方向を変える時に、宇宙船は速度を変えているはずです。つまり、宇宙船は加速度運動を行ったのです。

加速度運動を行った際、兄は宇宙船の床や壁に押しつけられます。これは見かけの重力といえるものですが、本当の重力と同じく時間の進み方を遅くします。そのために、宇宙船で加速度運動をしてきた兄のほうが地球の弟よりも時間の進み方が遅くなり、歳をとらないのです。

では、宇宙船の兄から見て、弟のいる地球が加速度運動をしているとは考えられないのでしょうか。

宇宙船の兄は、加速度運動をしている時に見かけの重力を感じています。その際には、「自分が止まっている」という前提で成り立つ特殊相対性理論をそのまま適用することはできません。にもかかわらず、特殊相対性理論を適用して考えようとしたことが、パラドックスを生んだ原因です。そこに気づき、止まっているのは地球であり、加速度運動をしているのは宇宙船だと考えれば、パラドックスを解決できます。つまり、加速度運動をしてきた宇宙船の兄のほうが若いのです。

なお、地球も太陽の周囲を公転するなどして加速度運動をしていますが、今考えているのは、宇宙船の兄と地球の弟との間で時間の流れ方がどう違うか、という点です。その際には、兄と弟との間で起きている運動のことだけを考えればよく、地球が宇宙の中で行っている加速度運動について考慮する必要はありません。

等速直線運動では互いに相手の「過去」を見ている

以上が双子のパラドックスの話でしたが、みなさんの中には「等速直線運動をする者同士の間では、お互いに相手の時間が遅れて見える」という特殊相対性理論の説明が腑《ふ》に落ちないと考える方がいるかと思います。この点を補足説明しましょう。

互いに等速直線運動をしている場合に、相手の時間が遅くなっているように思うのは、実は相手の〝過去〟を見ているからなのです。どういうことかというと、相手の過去と自分の現在とを「同時」だと考えるので、相手は時間の進み方が遅いと思うのです。これは同時刻の相対性（44ページ）のためです。

ですが、宇宙船が等速直線運動をする限り、つまり地球を出発して一定速度でまっすぐに進む限り、双子の兄と弟が再び出会うことはありません。したがって、お互いに「向こうは時間の進み方が遅いな」と思っていても、何の問題も生じないのです。

これに対して、兄と弟が再会してお互いの時計を見せ合う、すなわち自分の現在と相手の現在とを「同時」だと一致させるには、宇宙船はどこかでUターンをする、つまり加速度運動をする必要があります。この時には、もう「互いに相手の時間の進み方を遅いと考える」という特殊相対性理論は適用できないので、やはり矛盾は起こりません。

相対性理論が示す時間の奇妙な性質の最たるものは、相対性理論がタイムトラベルを禁じていないということだと思います。この話は第7章でくわしく触れましょう。

第4章

重力の極限を探る

～相対性理論とブラックホール～

01

重力の強さと脱出速度の関係

一般相対性理論から予言されたブラックホール

第4章では、一般相対性理論から導かれる不思議な天体であるブラックホールについてくわしく説明します。

ブラックホールの存在を予言したのはドイツの天文学者シュヴァルツシルトで、1916年のことです。彼は難解なアインシュタイン方程式を〝解く〟ことで、のちにブラックホールと呼ばれるようになる奇妙な時空の構造が存在することを指摘したのです。

アインシュタイン方程式を〝解く〟

一般相対性理論の中心となるアインシュタイン方程式（81ページ）は、10元連立方程式かつ非線形偏微分方程式になっています。10本の方程式が複雑に絡み合う非常に難しい方程式であり、これを解くことは容易ではありません。

シュヴァルツシルトの解

$$ds^2 = -\left(1-\frac{2GM}{c^2r}\right)c^2dt^2 + \frac{dr^2}{1-\frac{2GM}{c^2r}} + r^2(d\theta^2 + \sin^2\theta d\phi^2)$$

↑ $r=0$で無限大（123ページで説明）

↑ $r=r_g=\frac{2GM}{c^2}$で無限大（次ページ以降で説明）

アインシュタイン方程式を解くとは、10本の方程式を解いて、時空が実際にどのように曲がっているのかを明らかにすることです。しかし、そのままでは解けないので、さまざまな条件や仮定を与えます。たとえば「時空は球対称になっている（ある人から見て前後左右上下がみな同じになっている）」と仮定してシンプルな時空の状態を考えると、方程式が解きやすくなります。そうして得られた解には「だれそれの解」として、解いた人の名前がつけられるほど名誉なことであり、アインシュタイン方程式を解くことそのものが現在でも研究対象になっています。

さて、シュヴァルツシルトは発表されたばかりのアインシュタイン方程式に興味を持ち、解こうとしました。そのためにまず、時空は球対称であると考えました。また、質点（大きさがゼロで質量だけがある、仮想的な点状の物体）が時空の中に1つだけあって、それ以外には物質が何もない、つまり「真空」であると仮定しました。さらに、時間が経過しても何の変化も起きないと考えました。これは、状況を極端に単純化したものだといえます。

すると、方程式が見事に解けました。これを**シュヴァルツシルトの解**といいます。シュヴァルツシルトの解は、方程式の形で表されます。しかし、奇妙なことに方程式の中に「無限大」という値が出現することがわかりました。数式の中に無限大の値が出てくると、計算結果がおかしなことになるので、普通は禁止されています。

アインシュタインはシュヴァルツシルトの解が数学的に正しいことは認めつつ、現実の時空がこのような状態になることはありえないと主張しました。あまりに単純な状況を仮定したので、無限大が出現するような変なことになったのだろうと考えたのです。

物質が質量を保ったまま小さくなるとどうなるか

シュヴァルツシルトの解において、無限大の値が出現するのは2カ所あります。

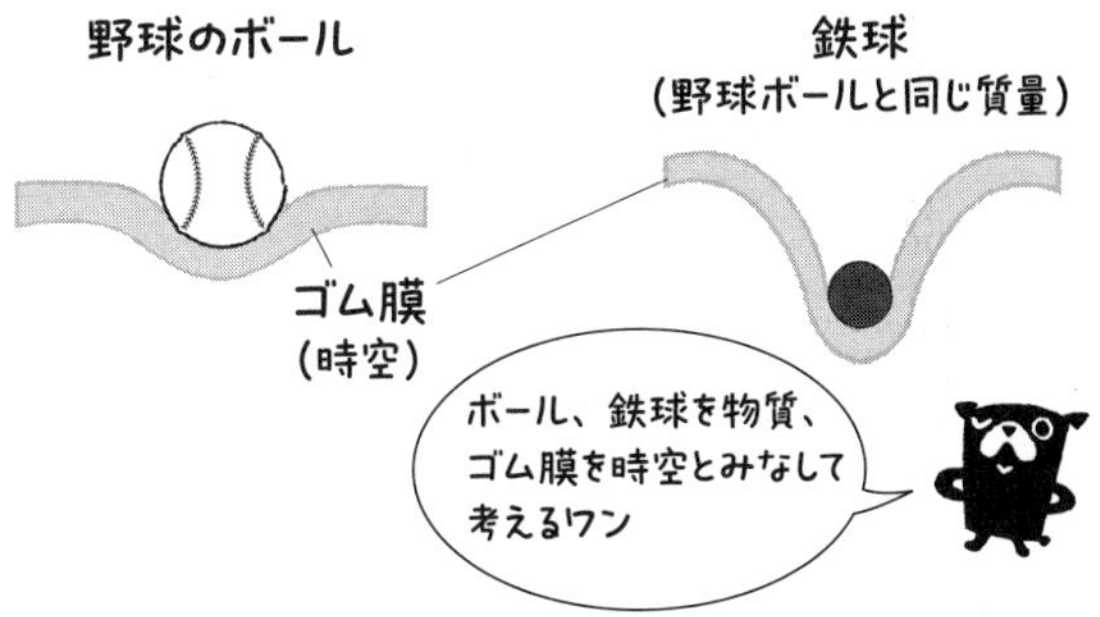

そのうちの1つは、質点が置かれている場所からある距離（r_gとします）だけ離れた場所においてです。時空が球対称であると仮定しているので、その場所は質点からr_gだけ離れた球面状に現れます。また、距離r_gは質点の質量によって決まります。質点の質量が地球と同じ（約6×10の21乗トン）である場合、r_gは約9㎜となります。

このr_gを**シュヴァルツシルト半径**といいます。いったいこれは、何を表すものなのでしょうか。それを理解するには、物質の周囲で時空がどのように曲がるのかを思い出す必要があります。

第3章で、ボールを物質、薄いゴム膜を時空とみなして、物質と時空の関係を説明しました。ゴム膜の上に野球のボールを置けば、ゴム膜の表面は曲がります。この曲がりが、物質の周囲の時空の曲がりを表します。

次に、ボールと同じ質量の鉄球をゴム膜の上に置くことを考えます。鉄球のほうが高密度なので、同じ質量でも野球のボールより体積が小さく、ボールを圧縮したのと同じ状態になります。鉄球をゴム膜の上に置くと、野球のボールを置いた時よりもゴム膜の表面は鋭く深く曲がります。ボールと鉄球は同じ重さですが、鉄球のほうが小さい分、ゴム膜は狭い面積でその重さを支えなければならなくなり、そのために大きくへこむのです。

このように、同じ質量の物質をゴム膜の上に置く場合、物質が小さい（密度が高い）ほど、ゴム膜の曲がり方は鋭く深くなります。つまり物質が質量を保ったまま、どんどん小さくなれば、周囲の時空はどんどん曲がる、すなわち重力がどんどん強くなるのです。

重力の強さと脱出速度

ところで、周囲にある物質がその重力を振り切って外向きに「脱出」するためには、重力が強くなるほど速い速度が必要になります。たとえば、ボールを上空に投げ上げても、地球の重力に引かれて地表面に戻って来ます。地球の重力を振り切ってロケットなどを宇宙空間へ飛ばすには、秒速約11・2km以上の速度を与えなければいけません（空気抵抗は無視します）。この速度を、重力圏からの**脱出速度**といいます。地球よりもずっと重く、重力が強い太陽の場合、重力に逆らって脱出するには秒速約620km以上の脱出速度が必要になります。

では、重力がさらに強く、その重力圏からの脱出速度が光速に達する天体があったら、どんなことが起きるのでしょうか？

相対性理論では、どんな物体も光速を超えて加速することはできないと考えます。したがって、重力圏からの脱出速度が光速に達するほど天体の重力が強くなれば、その重力に逆らって外向きに脱出できず、内向きに引き戻されてしまいます。光自身も、重力に逆らって外向きに逃げ出すことはできません。

実は、この「脱出速度が光速になる場所」がシュヴァルツシルト半径と関係します。地球と同じ質量の質点の場合のシュヴァルツシルト半径は約9mmですが、半径（赤道部の半径）が約6378kmの地球をぎゅっと圧縮して、半径約9mmの範囲に押し込めると、その表面における脱出速度が光速になるのです。太陽（質量約2×10の27乗トン、半径約70万km）の場合は、シュヴァルツシルト半径約3kmの範囲内に圧縮すると、脱出速度が光速になります。

脱出速度が光速になれば、その天体からは光も何もやって来ないので、真っ暗に見えるでしょう。また、その天体は巨大な重力によって周囲の物質をどんどん吸い込む「穴」のようなものともいえ、これが「黒い穴」＝ブラックホールなのです。

なお、ブラックホールという名前は、シュヴァルツシルトの解が発表されてから約50年後に、アメリカの物理学者ホイーラーが命名しました。

02 星の進化とブラックホール
ブラックホールは星の死後の姿だった

シュヴァルツシルトの解が発表された当時、アインシュタインを含む多くの科学者は、解が示すような時空の構造、つまりブラックホールが現実の宇宙に存在するとは考えませんでした。地球を半径9㎜に、あるいは太陽を半径3㎞にまで圧縮できるようなメカニズムが想像できなかったからです。

星の質量による最期の姿の違い

しかし、1920年代から30年代にかけて、星（恒星）がどのように生まれ、成長し、死を迎えるかという**星の進化**についての研究が進みました。その結果、非常に重い星が最期を迎えた時には、ブラックホールを作り出すことも可能な巨大な力が発生することがわかってきました。

星は水素やヘリウムが核融合反応を起こすことで、莫大なエネルギーを放出しています。そして星の質量によって、どんな最期を迎えるのか、いくつかのパターンがあります。

太陽程度の質量の星の場合、年老いた星は100倍以上に巨大化し、そのため表面温度が下がって赤く見えるようになります。これを**赤色巨星**といいます。その後、次第に星の外層部のガスが宇宙へ逃げていき、一方、中心部は**白色矮星**《わいせい》という地球ほどのサイズの、高温で小さな青白い星になります。白色矮星の内部ではもう核融合反応は起きていないので、星は次第に冷えて宇宙の中へ消えていきます。

一方、太陽の8倍程度以上の質量の星の場合、星は赤色巨星になった後、大爆発

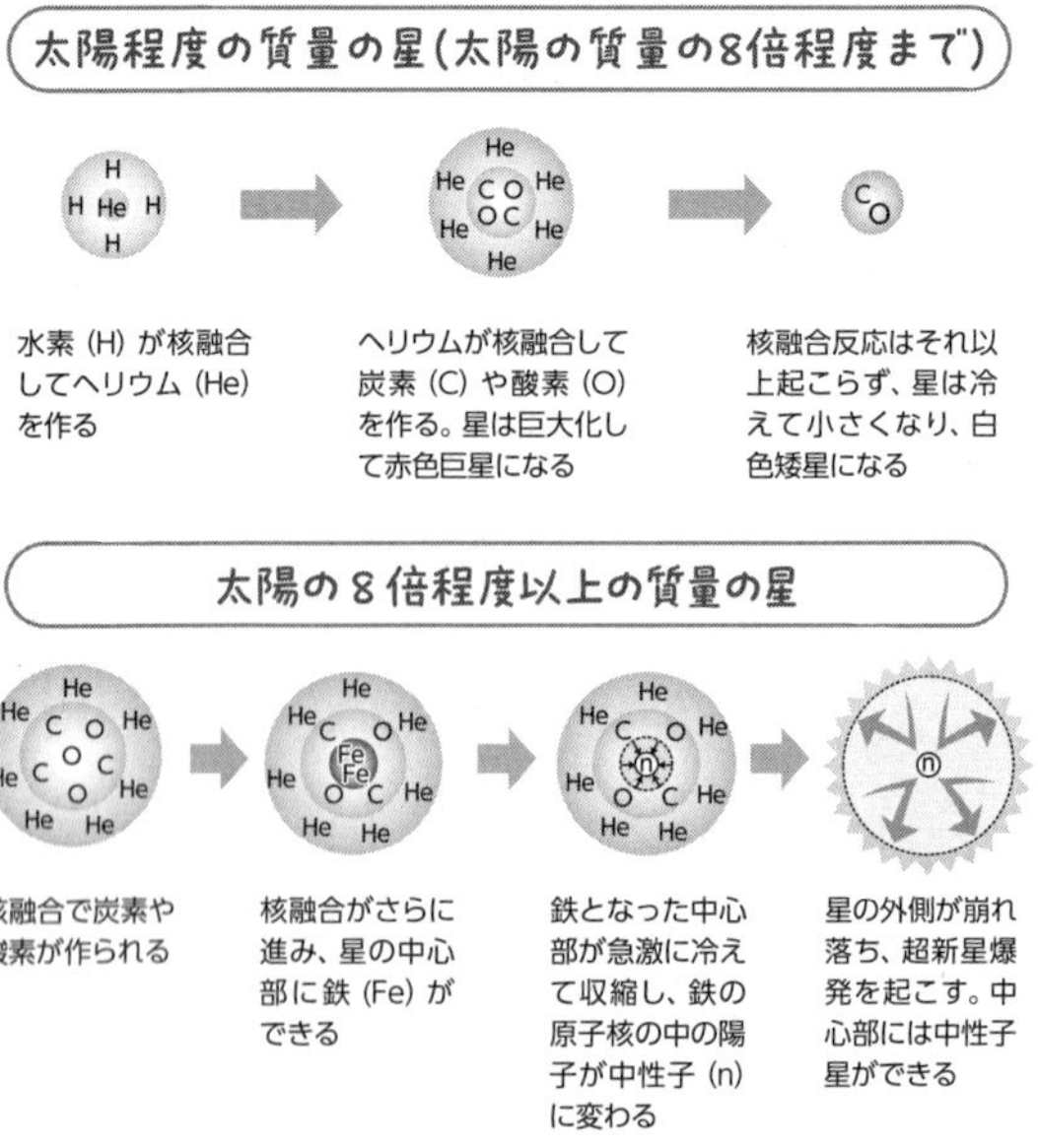
太陽程度の質量の星(太陽の質量の8倍程度まで)
H H He H H
He He C O He O C He He He
C O
水素 (H) が核融合してヘリウム (He) を作る
ヘリウムが核融合して炭素 (C) や酸素 (O) を作る。星は巨大化して赤色巨星になる
核融合反応はそれ以上起こらず、星は冷えて小さくなり、白色矮星になる
太陽の8倍程度以上の質量の星
He He C O He O C He C O He He He
He He C O He Fe Fe He O C He He He
He He C O He n He O C He He He
n
核融合で炭素や酸素が作られる
核融合がさらに進み、星の中心部に鉄 (Fe) ができる
鉄となった中心部が急激に冷えて収縮し、鉄の原子核の中の陽子が中性子 (n) に変わる
星の外側が崩れ落ち、超新星爆発を起こす。中心部には中性子星ができる

を起こして吹き飛びます。これを**超新星爆発**といいます。それまで暗かった星が爆発によって明るく輝き、まるで突然新しい星が現れたように見えるので「超新星」という名前がつけられていますが、その実態は、重い星が生涯の最後に打ち上げる花火のようなものだといえます。

　超新星爆発の際には、星の中心部が圧縮されて**中性子星**という天体ができます。中性子星は、ほとんどが中性子（陽子とともに原子核を構成するミクロの粒子）でできていて、半径はわずか10㎞程度ですが、質量は太陽と同じくらいという超高密度の星です。そのため、表面付近の重力の強さは太陽の表面付近の重力の何十億倍にもなります。ですが、中性子同士の間で働く反発力のために、中性子星は自分の巨大な重力によって壊れてしまうことなく、一定の大きさを保っています。

超大質量星の最期はどうなるか

中性子星の質量は太陽と同じくらいといいましたが、超新星爆発を起こしたもとの星の質量が大きいほど、後に残る中性子星の質量も大きくなり、重力も強くなります。

１９３０年代の末に、アメリカの理論物理学者オッペンハイマーは仲間の研究者たちとともに、中性子同士の反発力が支えられる中性子星の質量には上限があることを予言しました。その上限値は長い間、太陽の質量の１・４倍ほどとされていましたが、近年はもう少し大きな値だと考えられています。

太陽の30倍程度以上の質量を持つ**超大質量星**の場合、超新星爆発の後に残る中心部分の質量が中性子星の質量の上限値を超えることになります。では、そうした星では何が起こるのでしょうか？　これもオッペンハイマーたちによって考えられました。彼らの出した結論は、「中心部分は巨大な重力によって、中性子星の段階にとどまっていられず、果てしなく潰れていく」ということでした。中性子星が潰れた結果、重力がさらに強くなり、そのためにもっと潰れて、さらに重力が強まり……ということを、際限なく繰り返すのです。これを**重力崩壊**といいます。

重力崩壊の結果、シュヴァルツシルトの解が示す「脱出速度が光速になる場所」が生まれます。それよりも内部は、光さえもそこから外向きに脱出できない領域であり、「重力によって切り捨てられた領域」と呼ばれました。これが今日でいうブラックホールであり、オッペンハイマーたちは非常に重い星の最期にブラックホールが生まれることを予言したのです。

ちなみに、オッペンハイマーはこの研究直後にアメリカの原子爆弾開発プロジェクト「マンハッタン計画」に招かれ、その最高責任者を務めた人物としても知られています。

ブラックホールの候補天体の発見

このように、理論的にはブラックホールが存在する可能性が示されましたが、実

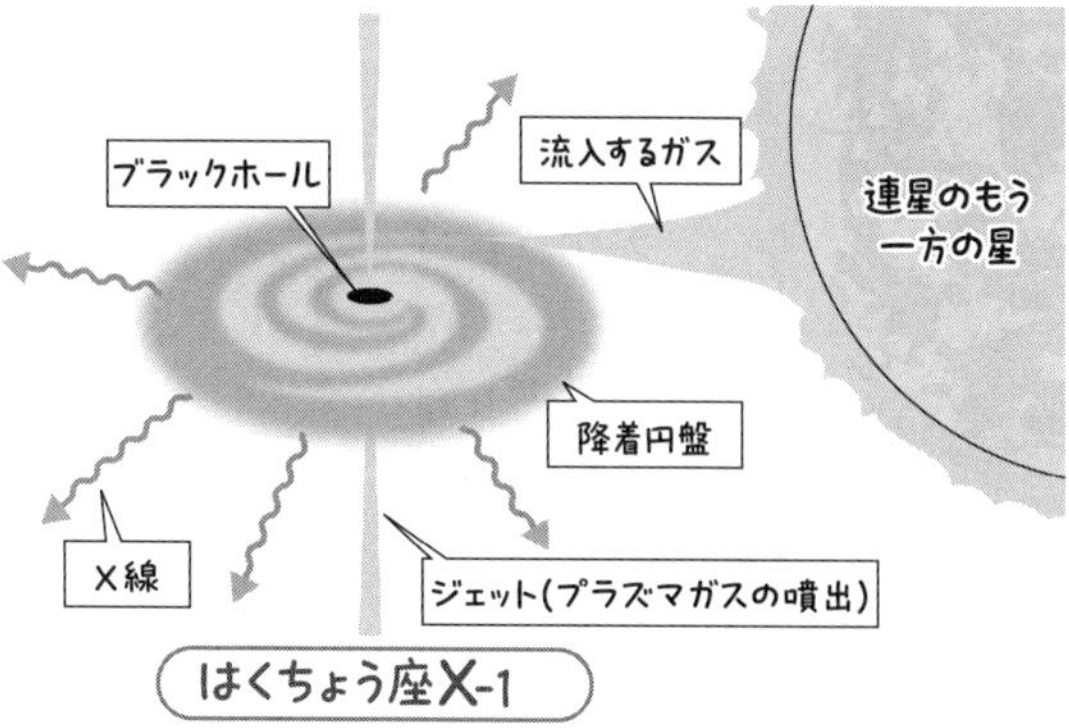

際の宇宙において見つけることはなかなかできませんでした。そもそも、ブラックホールは光も何も発しないのですから、見つける方法がないと思えるかもしれません。

ですが1970年代になると、X線を放つ天体の一部がブラックホールであると考えられるようになりました。近くに別の星があると、ブラックホールはその星の表面のガスを吸い込み、自分のまわりに円盤状のガスの層を作ります。これを**降着円盤**と呼びます。降着円盤の中ではガスが圧縮されて数百万度もの高温になり、X線を放出します。そのX線を観測することで、ブラックホールの存在を間接的に知ることができるのです。

代表的なX線源天体が、**はくちょう座X－1**です。夏の星座であるはくちょう座にある天体で、日本の天文学者の小田稔先生がこの天体をくわしく観測した結果、2つの天体が互いの周囲を回り合う連星になっていることがわかりました。1971年の論文では、この連星のうちの1つがブラックホールになっていて、もう一方の星からガスを引き込んで降着円盤を作り、X線を放っていることを明らかにして発表されました。これは、実在の天体をブラックホールと関連づけた初の論文でした。現在では、はくちょう座X－1はほぼ間違いなくブラックホールだと考えられています。

私たちの太陽系がある天の川銀河など多くの銀河の中心部にも、太陽の数百万倍以上の質量を持つブラックホールが存在すると考えられています。こうした超大質量のブラックホールがどのように生まれたのかは、よくわかっていません。ですが、超巨大なガスのかたまりが重力崩壊をしたり、高密度の星団の中で星やブラックホールが衝突・合体を繰り返して巨大化することでできたのではないかと推測されています。

03

命知らずの宇宙飛行士、ブラックホールを探検する

ブラックホールの構造を探る

次に、ブラックホールがどんな構造をしているのかをくわしく見ていきましょう。そして恐ろしいことですが、ブラックホールに近づいたらどうなるかも考えてみましょう。

穴はない？　ブラックホールの形

「ホール」という名前がついていますが、実際のブラックホールは2次元的な穴ではなく、球のような形をしています。この球の表面を**事象の地平面**といいます。

事象の地平面は、光がブラックホールの重力から逃れて外向きに脱出できるかどうかの境界面になります。いったん事象の地平面よりも内側に入ってしまえば、けっして外向きに脱出することはできず、逆にブラックホールの中心方向へ引き込まれてしまいます。

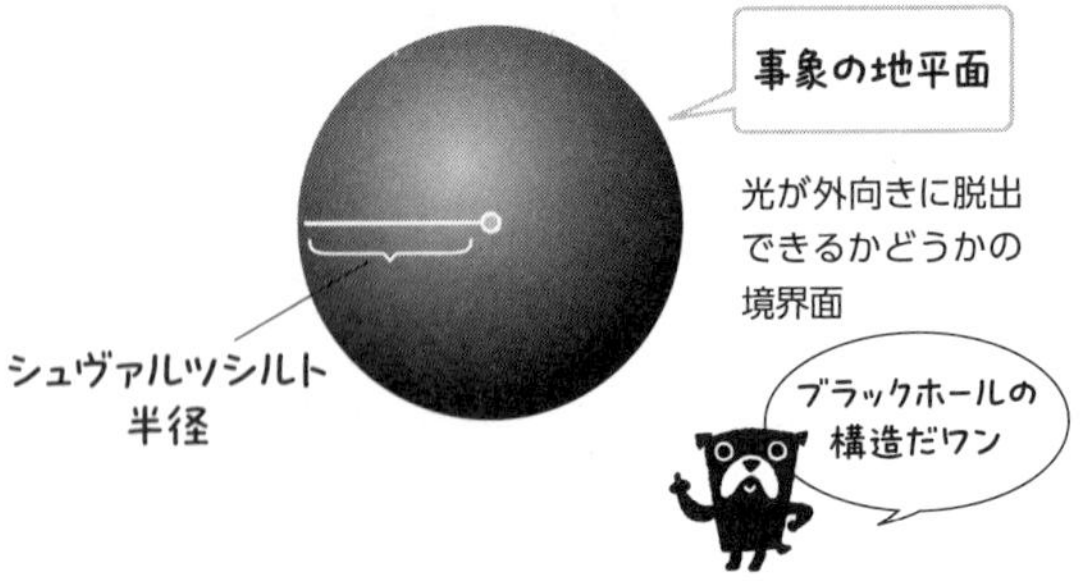

　したがって、事象の地平面の内部からは物質も光も、何の信号もやって来ません。そのため、私たちは事象の地平面の内部の様子を見られません。地平線の向こう側に沈んだ太陽を見ることができないのと同じ状態なので、事象の地平面と名づけられたのです。

　一般に「ブラックホールの大きさ」といえば、事象の地平面の大きさを指します。事象の地平面の半径が、105ページのシュヴァルツシルト半径です。より大きな質量を持つ物質が圧縮されてできたブラックホールほど、シュヴァルツシルト半径も大きくなります。

　一般に、大質量星が生涯の最後に超新星爆発と重力崩壊を起こしてできるブラックホール（恒星質量ブラックホール）は、太陽の10〜数十倍の質量を持ち、シュヴァルツシルト半径の大きさは数十〜100km程度になります。発見されている最も軽いブラックホールは太陽の質量の約3倍で、シュヴァルツシルト半径は約9kmです。

それに対して、私たちの住む銀河系の中心部にひそんでいる超大質量ブラックホールは、太陽の約400万倍の質量を持ち、シュヴァルツシルト半径は約1億2000万kmと考えられています。太陽系でいうと、金星の軌道（半径約1億1000万km）よりも少し大きいくらいの範囲が、このブラックホールの大きさになります。

ブラックホールに近づいてみる

ブラックホールの構造をくわしく知るために、宇宙飛行士が宇宙船に乗ってブラックホールへ突入するという状況を考えてみましょう。

ブラックホールに近づくにつれて、宇宙船や宇宙飛行士にかかる重力はどんどん強くなり、そのために宇宙船がブラックホールに引き寄せられる速度もどんどん速くなります。それだけでなく、宇宙飛行士は宇宙船が細長く引き伸ばされていくことに気がつくでしょう。これは、重力の強さが場所によって異なることで生じる**潮汐力**《ちょうせきりょく》のためです。

重力の強さは重力源に近いほど強くなりますが、ブラックホールの近くでは、ほんの少し近いだけで重力が極端に強くなります。そのため、ブラックホールに近い宇宙船の先頭部には最後部よりもずっと強い重力が働き、宇宙船が細長く引き伸ばされるのです。これは「スパゲッティ化現象」と呼ばれています。

宇宙船だけでなく、宇宙飛行士の体も潮汐力によって引き伸ばされます。そのため実際にはブラックホールにたどり着く前に、宇宙船も宇宙飛行士の体も引きちぎれてバラバラになり、分子や原子、さらには素粒子にまで分解されてしまうはずです。ただ、ここではそれを無視して話を続けます。

宇宙船はブラックホールにどんどん引き寄せられて、速度を増していきます。そして、ものすごいスピードであっという間に事象の地平面を通過します。ですがこの時、宇宙船には特に何の変化もなく、宇宙飛行士は事象の地平面を通過したことに気づかないかもしれません。事象の地平面は「ブラックホールの重力圏からの脱出速度が光速になる境界面」であって、実際に物理的な境界が存在しているわけではないからです。

いったん事象の地平面の内部に入ると、けっして外部に脱出することはできません。事象の地平面は、外部から内部に入ることだけが許される「一方通行」の扉のようなものだといえます。

ただし、ある種のブラックホールでは、脱出できないはずのブラックホールから逃げ出せる方法があります。それはのちほど紹介しましょう。

ブラックホールの周囲で時間が止まる!

ところで、ブラックホールに突入する宇宙船を、遠く離れた人が眺めると、宇宙船がブラックホールに近づくほど、宇宙船の速度が遅くなっていくのに気づきます。宇宙船はブラックホールに近づくほど強い重力を受けてどんどん加速されていくはずなのに、これはどうしたことでしょうか。

次ページの図のように、ブラックホールに突入する宇宙船が遠く離れた場所にいる人（以下「観測者」と呼びます）に対して、1分おきに光信号を送ることを考えます。この「1分おき」とは、宇宙船や船内の宇宙飛行士にとっての1分おきという意味です。この様子を観測者はどう見るでしょうか。

宇宙船がブラックホールに近づくほど、より強い重力を受け、時間の進み方は重力が強くなるほど遅くなります。そのために、宇宙船がある瞬間（たとえば3時ちょうど）に観測者に向けて送った光信号より、その1分後に送った光信号のほう

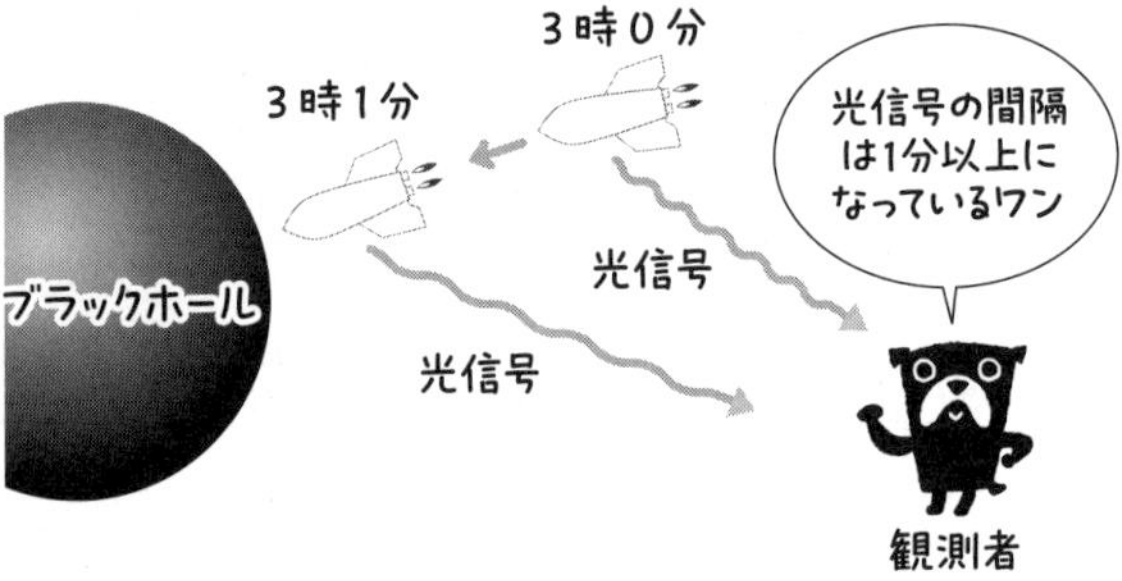

が、より強い重力を受けて時間の進み方が遅くなります。その結果、3時1分に送った光信号は、3時ちょうどに放った光信号よりも長い時間をかけて観測者に届きます。つまり、2つの光信号を1分よりも長い間隔で受け取るため、観測者は「宇宙船は時間の進み方が遅くなっている」と理解するのです。

さて、宇宙船がブラックホールに近づいてより強い重力を受けるほど、観測者に届く光信号の間隔は間延びするので、観測者には宇宙船の時間の進み方がどんどん遅くなるように見えます。そして観測者にとっては、宇宙船は事象の地平面に近づくほど、よりゆっくりと動くように見えます。

そして事象の地平面の上では、光信号は

外向きにまったく進めなくなります。観測者からすると、いくら待っても宇宙船からの光信号は届かず、宇宙船にとっての光信号の間隔である1分が観測者にとっては無限の時間間隔になるので、宇宙船の時間は止まったと考えざるをえなくなります。

この時、観測者にとっては、時間が止まった宇宙船は事象の地平面上で静止しているように見えます。しかし実際には、宇宙船はあっという間に事象の地平面の中に飲み込まれています。観測者には飲み込まれた後の情報は届かず、飲み込まれる前の情報がゆっくり届くので、静止しているように見えるのです。矛盾に思えるかもしれませんが、これもまた「時間の相対性」を示すものなのです。

04 すべての物理法則が破綻する奇妙な点
ブラックホールの内部はどうなっている？

今度は、ブラックホール内部の様子を説明しましょう。事象の地平面を通過した宇宙船は、ブラックホールの中心方向へさらに引き込まれていきます。その様子を外部の者が見ることはできませんが、相対性理論に基づいて想像することは可能です。

事象の地平面の内側に入ると……

ブラックホールの内部、つまり事象の地平面の内側の状態について、次のような誤解をしている人がきっと多いはずです。

「ブラックホールの内部には、まわりから吸い込んだ大量の物質が詰まっているのだろう」

しかし、これは間違いです。物質が詰まっているということは、物質がその場にとどまっていることになりますが、そうではありません。事象の地平面の内部は、一種のがらんどうな状態です。事象の地平面内に入ったすべての物質はブラックホールの中心へ猛スピードで動いていて、とどまることはないのです。

最終的にすべての物質は、ブラックホールの中心の1点に到達し、そこに詰め込まれます。この中心点を**特異点**といいます。英語のsingularity《シンギュラリティ》の訳語ですが、形容詞のsingularには、「奇妙な」とか「基準が適用できない」という意味がありま

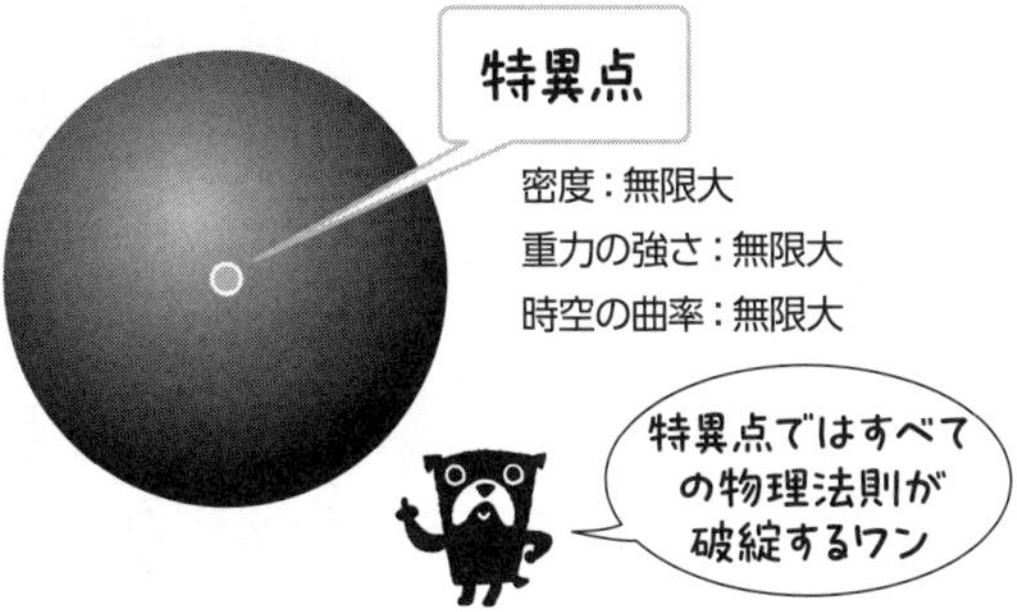

す。

ブラックホールに落ち込んだ物質は、最終的に特異点に詰め込まれます。そこでは密度が無限大になり、重力の強さも、時空の曲率も無限大になります。実はこの特異点こそが、シュヴァルツシルトの解における もう1つの「方程式の中に無限大の値が登場する箇所」（103ページの図の「$r=0$」）なのです。

そんな特異点では、相対性理論も、あらゆる物理法則も破綻してしまいます。なぜなら、私たちは無限大という数値を使って正しい物理計算を行えないからです。ブラックホール自体は相対性理論で説明できる存在ですが、その中心の特異点だけは現代物理学が適用できない、奇妙な点となっています。ブラックホールに詰め込まれた物質がいったいどうなるのかも、現代物理学では答えを出せていません。

特異点は常に隠されている？

「特異点ではすべての物理法則が破綻するだなんて、大変なことではないか！　そんな特異点を持つブラックホールが、この世に存在していて大丈夫なの？」

みなさんはきっと、こんなふうに思われていることでしょう。確かに、特異点が私たちから見えてしまったり、私たちに影響を与えるようなことが起きたら、大変なことになります。特異点は物理法則が成り立たない「奇妙な点」ですから、どんな常識外れの超常現象が起きても不思議ではありません。そんな点が私たちから見える、私たちの世界と地続きになっている——これを**裸の特異点**といいます——としたら、あらゆる物理法則は意味をなさなくなるからです。

ですが幸いなことに、ブラックホールの中の特異点は事象の地平面の中に隠されているので、たとえ特異点でどんな奇妙な現象が起きようとも、私たちの世界に影響を与えることはありません。つまり、特異点が存在したとしても、それが裸で現れることなく、常に〝隠されて〟いれば大丈夫なのです。

そこで、イギリスの数理物理学者ペンローズは次のような仮説を発表しました。

「我々の宇宙の中で生じる特異点は、必ず事象の地平面によって隠されるので、裸の特異点が現れることはない」

これは**宇宙検閲官仮説**と呼ばれています。特異点と現代物理学が成り立つ私たちの世界とが勝手に〝交流〟しないように、検閲官が門番のように見張っているのだ、という説です。しかし、この仮説が正しいのかどうかも、よくわかっていないのです。

なお、ペンローズはイギリスの理論物理学者ホーキングとともに、一般相対性理論に基づいてブラックホールの存在を証明する「特異点定理」を証明するなど、ブラックホールに関する多くの研究を行いました。２０２０年にはその功績によって、ノーベル物理学賞を受賞しています。

05

回転しているブラックホールの構造

ブラックホールから脱出することができる？

ここまで説明してきたのは、実は静止した球状のブラックホールを想定したものでした。しかし、ブラックホールには回転（自転）しているものも存在します。そもそもブラックホールとは、超大質量の恒星が超新星爆発を起こし、重力崩壊をしてできると説明しました。恒星のほとんどは自転しているので、その大爆発によってできるブラックホールも自転していると考えられます。

自転しているカー・ブラックホール

自転しているブラックホールのことを**カー・ブラックホール**といいます。自転しているブラックホールの解（カーの解）を発見した、ニュージーランドの数学者カーの名前にちなんでいます。一方、自転していないものは**シュヴァルツシルト・ブラックホール**といいます。

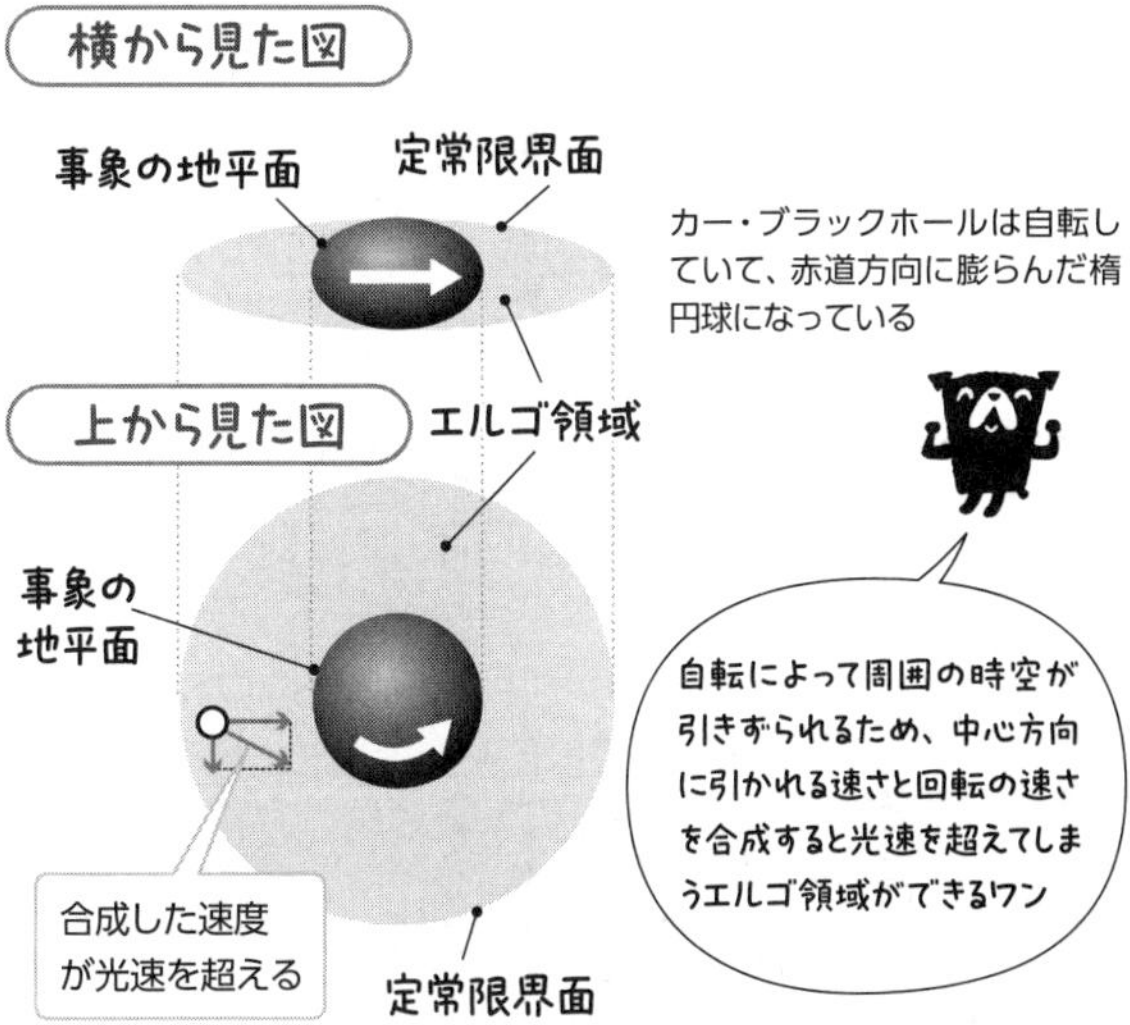

横から見た図
カー・ブラックホールは自転していて、赤道方向に膨らんだ楕円球になっている
上から見た図

自転によって周囲の時空が引きずられるため、中心方向に引かれる速さと回転の速さを合成すると光速を超えてしまうエルゴ領域ができるワン

カー・ブラックホールの構造は、シュヴァルツシルト・ブラックホールと異なる点がいくつかあります。その1つは、カー・ブラックホールの事象の地平面の外側に「特別な領域」が現れることです。

一般相対性理論では、天体のような重い物体が回転すると、周囲の時空も引きずられて回転することが知られています。溶けた水飴の中に棒を挿《さ》して回転させると、水飴が棒の回転に引きずられて回転するのと似ています。この「時空の引きずり作用」は**レ**

ンス-ティリング効果と呼ばれています。

自転するカー・ブラックホールの周囲でも、時空がカー・ブラックホールに引きずられて回転しています。そのため、カー・ブラックホールの近くにいる物体は、重力によってブラックホールの中心方向に引き込まれるのと同時に、カー・ブラックホールの回転方向にも引きずられます。

その結果、事象の地平面の外側にカー・ブラックホールの重力に引かれる速さと時空の引きずりの速さを合わせたものが光速に達する境界面が生まれます。この境界面を**定常限界面**といい、定常限界面と事象の地平面との間の領域を**エルゴ領域**と呼んでいます。

エルゴ領域に入った物体は、まだ事象の地平面内に入ったわけではないので、外向きに脱出することが可能です。ただし、その移動速度（カー・ブラックホールの重力に引かれる速さと時空の引きずりの速さを合わせたもの）が光速を超えるため、移動方向とは逆方向には光が伝わらなくなるのです（つまり、移動方向と逆方向にいる人からは見えなくなります）。

ブラックホールからエネルギーを取り出す

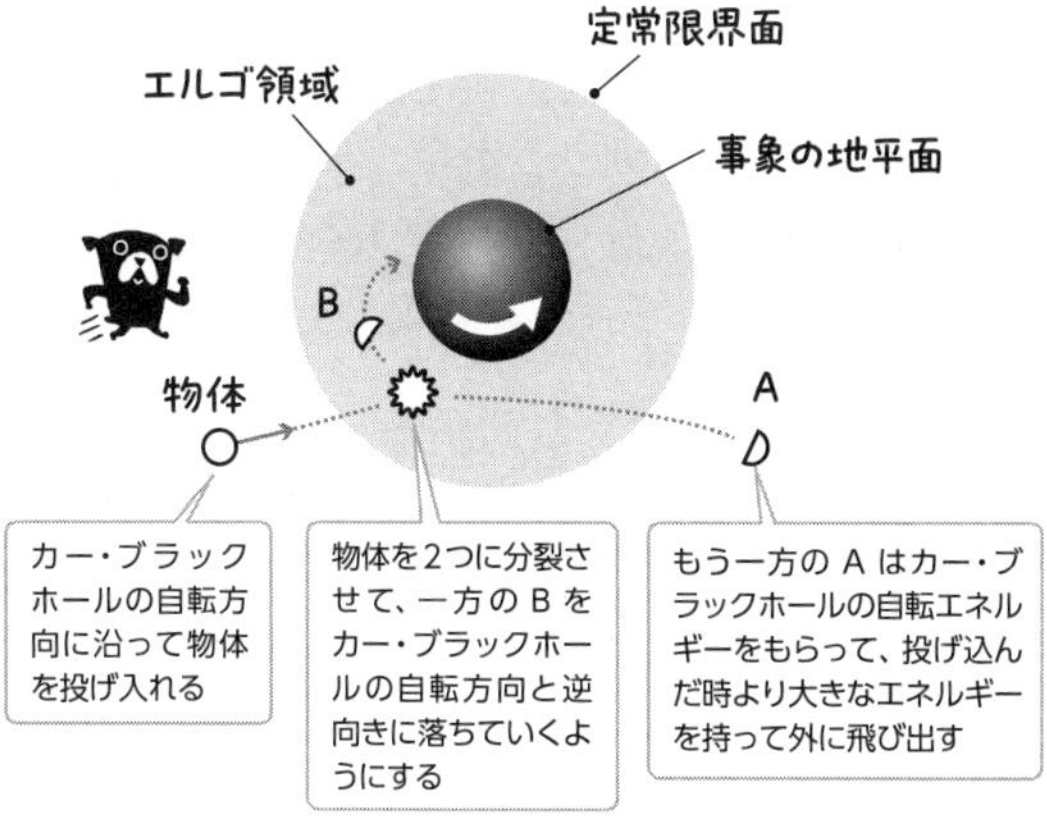
定常限界面
エルゴ領域
事象の地平面
B
物体
A
カー・ブラックホールの自転方向に沿って物体を投げ入れる
物体を2つに分裂させて、一方のBをカー・ブラックホールの自転方向と逆向きに落ちていくようにする
もう一方のAはカー・ブラックホールの自転エネルギーをもらって、投げ込んだ時より大きなエネルギーを持って外に飛び出す

「エルゴ」とはギリシャ語で「仕事、エネルギー」という意味です。実はエルゴ領域を利用すれば、カー・ブラックホールからエネルギーを取り出すことができるのです。

まず、エルゴ領域に物体を投げ入れ、事象の地平面のすぐ外側で物体を2つの破片AとBに分裂させます。この時、Aはカー・ブラックホールの自転方向に、Bは自転の反対方向に分裂させます。すると、Bは事象の地平面内に落ちていきますが、Aは逆にエルゴ領域から外に飛び出します。Aが持つエネルギー（運動の勢い）は、最初にエルゴ領域に投げ入れた物体が持っていたエネルギーよりも大きくなっています。これはカー・ブラックホールからエネルギーをもらったためです。その分、カー・ブラックホールはエネルギーを失い、自転の速度が遅くなります。

あらゆるものを飲み込むばかりだと思われていたブラックホールからエネルギーを取り出す方法を見出したのは、ペンローズ（125ページ）でした。この方法は**ペンローズ・プロセス**と呼ばれます。

ペンローズ・プロセスを利用すれば、カー・ブラックホールのエルゴ領域にゴミの入ったゴミ箱を投げ込み、ゴミだけを事象の地平面内に落としてゴミ箱を回収し、しかもエネルギーが増えた（加速された）ゴミ箱を利用することでブラックホールからエネルギーを取り出すことができるかもしれません。これは、ゴミ処理問題とエネルギー問題とを一挙に解決する夢のような方法です。広い宇宙のどこかでは、私たちよりもさらに高度な知的文明が、すでにこのようなシステムを実現しているかもしれません。

カー・ブラックホールの中を通って別の宇宙へ？

カー・ブラックホールは、内部（事象の地平面の内部）の様子もシュヴァルツシルト・ブラックホールとはだいぶ違っています。自転をしているため、事象の地平

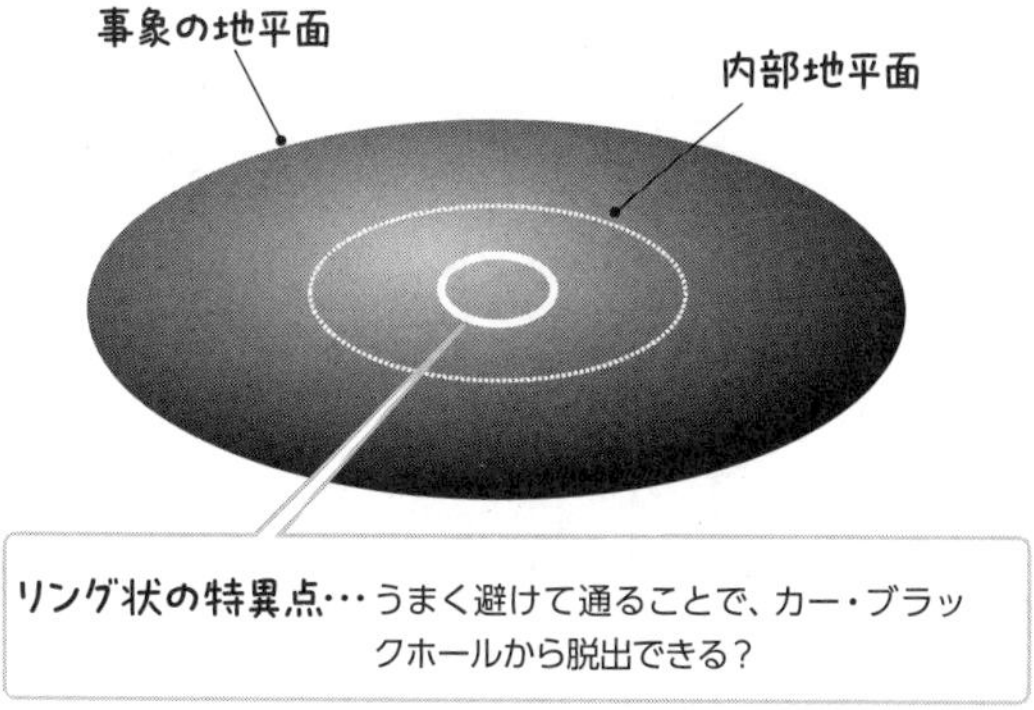
事象の地平面
内部地平面
リング状の特異点…うまく避けて通ることで、カー・ブラックホールから脱出できる？

面の内部の時空も引きずられて回転しています。このため、事象の地平面内に入った物体には遠心力が働きます。この遠心力はブラックホールの重力を打ち消すような効果を生み、その結果、事象の地平面の内部にもう1つ別の地平面（内部地平面）ができます。

内部地平面のさらに内側に、カー・ブラックホールの特異点がありますが、この特異点は「点」ではなく、リングのような形をしていると考えられています。シュヴァルツシルト・ブラックホールでは、事象の地平面内に入った物体は必ず特異点にたどり着きます。しかし、カー・ブラックホールの事象の地平面内に入った物体は、内部地平面の内側に入った後で、リング状に広がった特異点に引き込まれず、これを避けて通ることができるとされています。

そして、さらに内部を進んでいくと、カー・ブラックホールから脱出できる可能性があると考えられています。ただし脱出した先は、私たちの宇宙とは別の宇宙になるともいわれています。

06 ブラックホールに量子論を適用する ブラックホールが蒸発する

ブラックホールには、恒星程度の質量のもの（恒星質量ブラックホール）や、太陽の何百万倍から何十億倍もの超巨大な質量を持つもの（超大質量ブラックホール）が存在することを、116〜117ページで述べました。さらに、太陽の1000倍程度の質量を持つ**中間質量ブラックホール**の存在も明らかになっています。

ミニブラックホールも存在する？

では、もっと小さな質量のブラックホールはできないのでしょうか？

実は、宇宙の誕生初期には非常に小さな質量の**ミニブラックホール**（またはマイクロブラックホール）がたくさん生まれていたという説を、イギリスの理論物理学者ホーキングが唱えました。

宇宙は今から約１３８億年前に、超高温・超高密度の〝火の玉〟として生まれ、その後どんどん膨張を続けた結果、現在の広大な宇宙になったと説明するのが、ビッグバン宇宙論です（ビッグバン宇宙論は一般相対性理論を理論的な土台としていますが、そのくわしい話は次の第5章に譲ります）。

ブラックホールが生まれるには、星の重力崩壊の際のように、物質を巨大な力で圧縮して高密度にしなければなりません。しかし、かつての超高温・超高密度の宇宙においては、あらゆる物質はすでに高密度の状態になっていました。この時、何かのきっかけで密度が周囲より少しだけ高くなった領域ができると、そこは重力が強くなって周囲の物質を引きつけてさらに重力を強めて、あっという間に重力崩壊を起こし、ブラックホールが誕生するだろうと、ホーキングは主張しました。こうしたブラックホールは、たとえばシュヴァルツシルト半径が1兆分の1㎜程度（原子核ほどの大きさ）、質量が10億トン程度というミニブラックホールになるのです。

ブラックホールが粒子を放って質量を減らす

こうしたミニブラックホールについて、1974年にホーキングはさらに驚くべき仮説を発表しました。ミニブラックホールが「蒸発」して消滅し、その際に大爆発を起こすだろうという仮説です。このホーキングの主張は、相対性理論と並ぶ現代物理学のもう1つの柱である**量子論（量子力学）**に基づいています。

量子論は「ミクロの世界」の法則を示した理論です。ここでいうミクロの世界とは、原子や電子、素粒子などのサイズ程度の世界であり、およそ1000万分の1㎜より小さな世界になります。このような世界では、それより大きな「マクロの世界」において成り立っていた物理法則が成り立たず、ミクロレベルの物質は非常に奇妙な振る舞いをしたり、常識外れの性質を示したりすることが、量子論によって明らかになったのです。

量子論がもたらした成果の1つに、**反粒子**の発見があります。反粒子とは、私たちの身近にある粒子とは逆の性質を持つ粒子のことです。たとえば、電子は電気的

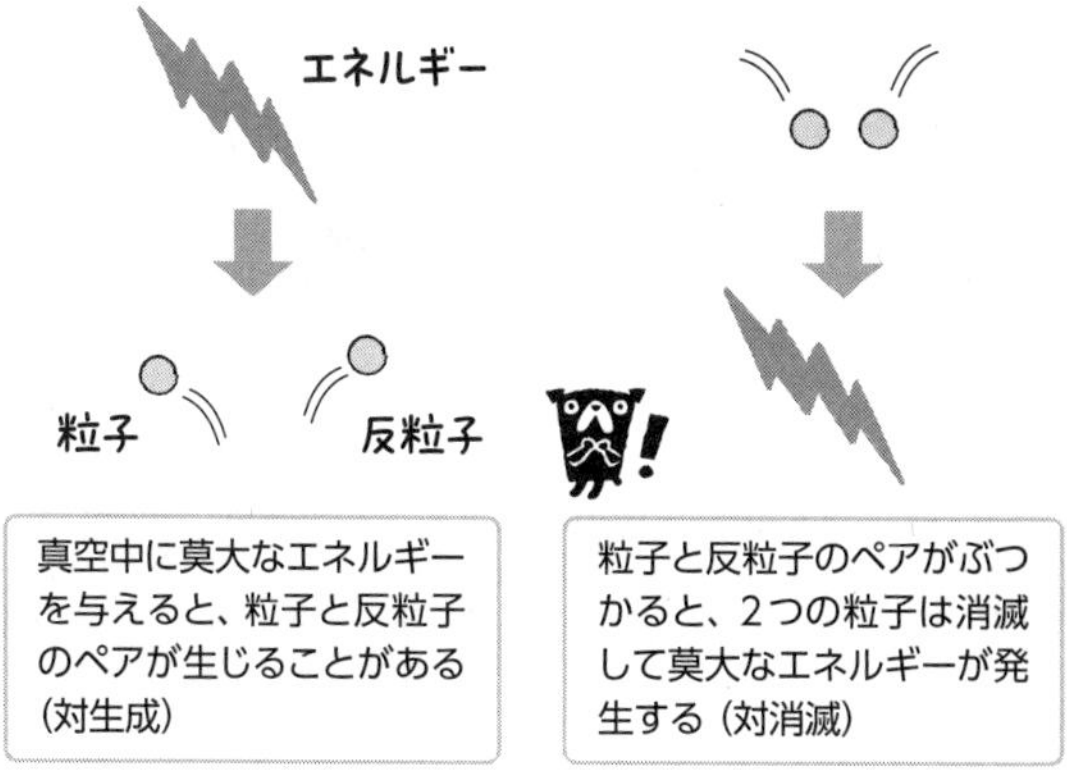
エネルギー
粒子
反粒子
真空中に莫大なエネルギーを与えると、粒子と反粒子のペアが生じることがある（対生成）
粒子と反粒子のペアがぶつかると、2つの粒子は消滅して莫大なエネルギーが発生する（対消滅）

にマイナスの粒子（マイナスの電荷を持つ）ですが、電子と同じ質量を持ち、その他の性質もそっくりで電荷がプラスになっている陽電子が存在します。この陽電子は電子の反粒子です。

そして、粒子と反粒子がぶつかると、2つの粒子はエネルギーを放って消滅し（対《つい》消滅）、無に帰してしまいます。逆に、真空中に莫大なエネルギーを与えると、何もなかったはずの空間から粒子と反粒子のペアが出現する（対生成）ことがあるのです。

では、ここでブラックホールの事象の地平面のすぐ外側で、粒子と反粒子のペアが生まれた時に、何が起こるかを考えてみます。

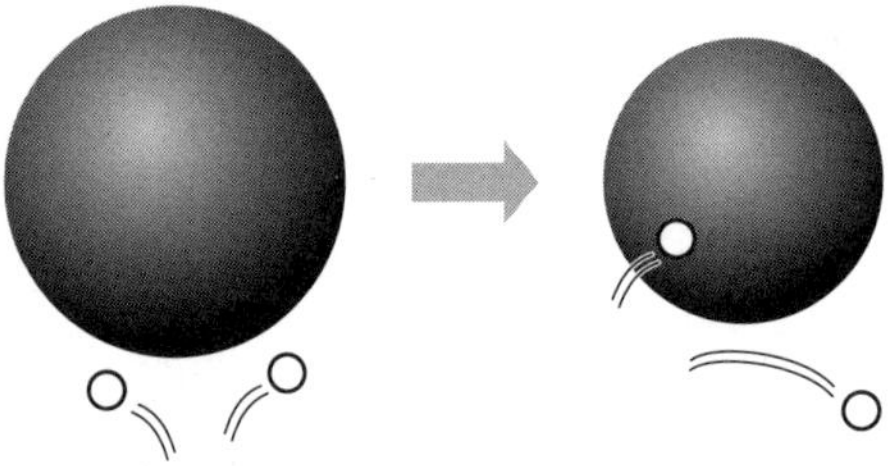
ブラックホールの事象の地平面のすぐ外側で粒子と反粒子のペアが生まれる
ペアの一方が事象の地平面に飲み込まれ、もう一方が外向きに飛び出して来る場合、ブラックホールは蒸発して質量を減らす

通常は、真空中に生まれた粒子と反粒子のペアは、すぐに再結合してエネルギーを放って消滅します。しかし時には、それらが再結合する前に粒子（あるいは反粒子）だけが事象の地平面内に落ち込み、結合する相手を失った反粒子（あるいは粒子）が外向きに飛び出すということが起こる可能性があります。

ホーキングは、外向きに飛び出してきた粒子がプラスのエネルギーを持ち、事象の地平面内に飲み込まれた粒子がマイナスのエネルギーを持つ場合、ブラックホールの質量が減ることになると考えました。エネルギーは通常はプラスの値をとりますが、量子論によると粒子がマイナスのエネルギーを持つことがあるのです。

特殊相対性理論によれば、エネルギーと質量は等価です（63ページ）。したがって、マイナスのエネルギーを持つ粒子を飲み込めば「マイナスの質量を得た」ことになり、ブラックホールは質量を減らします。しかもこの時、ペアだったもう一方の粒子がブラックホールのすぐそばから飛び出して来るので、この様子を「ブラックホールは粒子を放出して質量を減らした」、すなわちブラックホールが蒸発したと考えることができます。

量子重力理論は未完成

通常のブラックホールは質量が大きいために、ブラックホールの蒸発の影響は無視できます。しかし、初期の宇宙に誕生した可能性があるミニブラックホールの場合、質量が小さいために蒸発の影響が大きくなり、急激に質量を減らしながら温度を上げ、最後に大爆発を起こすだろう、とホーキングは予言しました（実はブラックホールには「温度」という物理量が存在しません。ただし、熱力学の考えを適用することで、質量に反比例する温度を持つとみなすことができます。質量が小さなブラックホールほど、高温になります）。

ホーキングの予言によると、宇宙の初期にできたミニブラックホールは、宇宙が生まれて100億年以上が経過した現在、完全に蒸発して消滅しようとしているところになります。その温度は1兆度にも達し、最後に大爆発を起こして、高エネルギーのガンマ線（非常にエネルギーが強い電磁波）を大量に放出すると考えられています。しかし現在までに、そのようなガンマ線は観測されていません。

また、ミニブラックホールがどんどん蒸発して極小の大きさになった時、どんなことが起こるのかはよくわかっていません。この時は、ブラックホールそのもの（つまり時空そのもの）に量子論を適用する必要があるのですが、量子論と相対性理論を融合させた**量子重力理論**が未完成なのです。さらに、ブラックホールが蒸発した後には何が残るのか、あるいは何も残らないのかも、まだわかっていません。これを解き明かすためにも、やはり量子重力理論が必要になります。

逆にいえば、現代物理学にとって究極の理論である量子重力理論を完成させる上で、ブラックホールの蒸発という現象の解明がその鍵になると信じられています。そのため、多くの研究者がこの問題に取り組んでいるのです。

07

目に見えない天体をどうやって撮影する？

ブラックホールの直接撮影についに成功！

２０１９年４月、ブラックホールの研究史はもちろん、天文学史に残る快挙が報告されました。史上初めて、ブラックホールの撮影に成功したことが発表されたのです。テレビや新聞などでも大きく取り上げられましたので、覚えている方も多いことでしょう。

超巨大銀河の中心にひそむ大質量ブラックホールの姿

次ページの画像内に写っているのは、地球から約５５００万光年先にある超巨大銀河「Ｍ87」の中心にあるブラックホールを可視化したものです。Ｍ87は数兆個の恒星が集まった、私たちが属する天の川銀河（恒星数は約２０００億個）よりもはるかに巨大な銀河です。

画像を見ると、リング状の領域の中にある「黒い穴」の部分がブラックホールな

EHTで撮影したM87銀河中心のブラックホールの画像

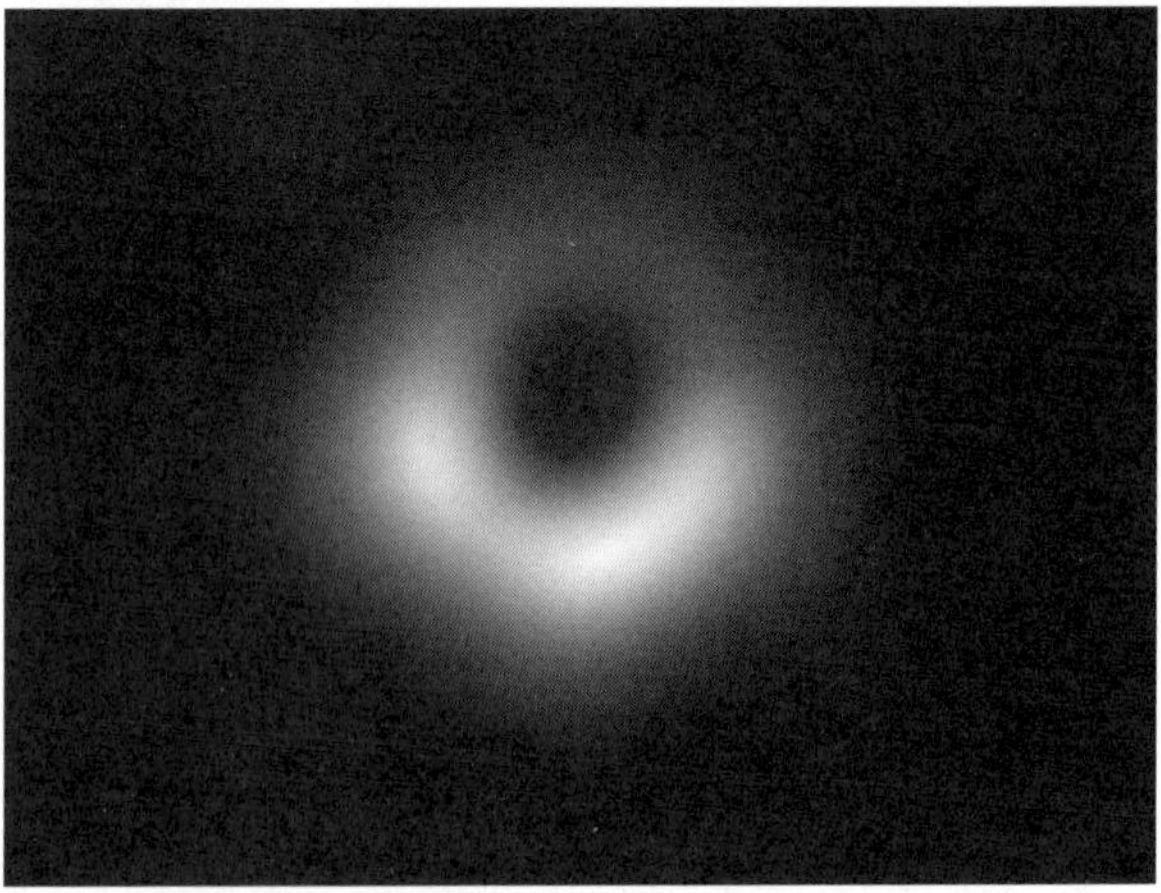

画像提供：EHT Collaboration

のかと思うかもしれませんが、そうではありません。ブラックホールはこの穴（ブラックホールシャドウと呼ばれます）の一部、約40％ほどの領域になります。

ブラックホールの近くを光が通ると、光はブラックホールの強い重力にとらえられて、ブラックホールの周囲を何周かした後に、ブラックホールに飲み込まれます。そのために光がやって来なくて黒く見える部分が、ブラックホールシャドウです。ブラックホールの近くを通る光はみなブラックホールに吸い込まれるので、ブラックホールシャドウの大きさはブラックホール本体の大きさ（シュヴァルツシルト半径）の約2・5倍になります。一方、ブラックホールから少し離れた場所を通る光は、ブラックホールの周囲を何周かした後に地球に届きます。これがリング状の明るい領域として見えるのです。

ただし、銀河の中心部は濃いガスや塵に覆われているので、可視光では見通すことができません。そうした部分を見ることができるのは電波なので、電波望遠鏡を使った観測が行われることになりました。

ブラックホールの撮影に成功したのは、日本を含む世界の200人以上の研究者が参加した国際プロジェクト「イベント・ホライズン・テレスコープ（EHT）」です（イベント・ホライズンは「事象の地平面」の英語）。世界各地にある8つの電波望遠鏡を結んで、人間でいうと「300万」に相当する視力でブラックホールを観測し、その姿を超高解像度で描き出したのです。

解析の結果明らかになったブラックホールシャドウの大きさは、一般相対性理論に基づいたシミュレーションの値と見事に一致していました。またブラックホール本体の直径は約400億km、質量は太陽の約65億倍という、まさに怪物級の超大質量ブラックホールであることも判明しました。

天の川銀河中心のブラックホールの姿も明らかに

実は、ＥＨＴでは私たちの天の川銀河の中心部にあるとされる巨大ブラックホールも同時期に撮影していて、データの解析が進められていました。そして２０２２年5月、ついにその結果が公表され、天の川銀河中心のブラックホールの姿が明らかになりました。それが次ページの画像です。M87の中心部にあるブラックホールと同じく、リング状の明るい領域の中に、ブラックホールシャドウが見えています。ブラックホール本体の大きさは、自転速度が不明なために幅がありますが、ブラックホールシャドウの20～40％だと推定されています。

天の川銀河の中心領域には、非常に重くて小さな、目に見えない何らかの天体があり、その周囲を星やガスが猛スピードで回っていることが観測されていました。この天体は「いて座A*（エースター）」と呼ばれていて、その正体は超大質量ブラックホールだろうと考えられていました。今回公開されたＥＨＴの画像によって、いて座A*がブラックホールであることを示す初めての視覚的かつ直接的な証拠が得られたのです。

ブラックホールであるいて座A*の質量は太陽の約４００万倍であり、M87の中心

天の川銀河の中心にあるブラックホールの姿

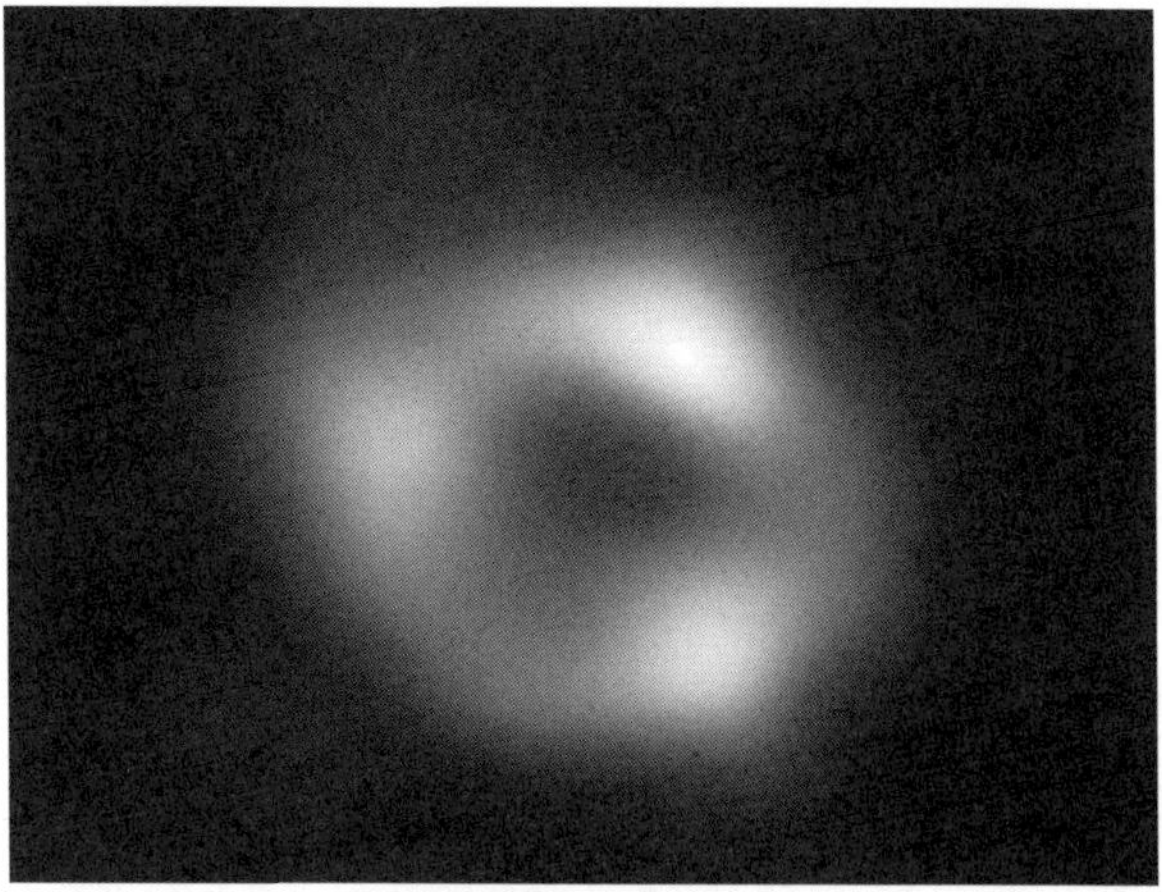

画像提供：EHT Collaboration

ブラックホールの約1600分の1しかありません。しかし、いて座A*までの距離はM87の約2100分の1と近いので、地球から見たリングの大きさはM87のリングよりやや大きいものになります。

質量がまったく異なる2つのブラックホールの画像が撮影されたことで、これら2つのブラックホールの違いを研究したり、ブラックホールに関する未解明の問題（超大質量ブラックホールの周囲でのガスの動きなど）に対する新たな手がかりが得られるようになりました。また、天の川銀河が誕生・進化する過程で、中心部の巨大ブラックホールがどんな役割を果たしたのか、さらには私たち人類の誕生にも何らかの影響を及ぼした可能性があるのか、といった研究も進むことが期待されています。

第5章

宇宙は膨張していた

～相対性理論と宇宙論～

01

宇宙を「永遠不変の存在」と考える
アインシュタインが考えた宇宙の姿

第5章では、現代宇宙論について説明します。

宇宙論とは天文学の一分野であり、「宇宙全体の構造はどうなっているか」「宇宙はいつ、どのような成長（進化）を遂げて、現在の姿になったのか」といったことを研究します。かつては神話や伝承、宗教における「創世の物語」の中で語られてきたことを、現代の私たちは科学的な考察に基づいて説明できるようになったのです。その理論的な土台となっているのが、相対性理論です。

宇宙と相対性理論の密接な関係

そもそも「宇宙」という言葉は、古代中国・前漢の哲学者である劉安《りゅうあん》が紀元前2世紀頃に編纂した『淮南子《えなんじ》』に起源を発します。「人間万事塞翁《さいおう》が馬」や「一葉落ちて天下の秋を知る」などの故事成語の由来でもあるこの書物の中に、次の言葉が書かれています。

「往古来今《おうこらいこん》謂之《これ》宙《ちゅう》、四方上下《しほうじょうげ》謂之《これ》宇《う》（往古来今これ宙といい、上下四方これ宇という）」

「宙」はすべての時間を意味し、「宇」はすべての空間を意味します。つまり、宇宙とは空間と時間を合わせたもの、時空であるということになります。『淮南子』は科学書ではありませんし、編者にして主著者の劉安が相対性理論のことを知っていたはずもありません。ですが、「宇宙とは時空である」という見方は相対性理論に通じるものがあるといえるでしょう。

すでに本書で話してきたように、アインシュタインは特殊相対性理論によって時間と空間の密接な関係を見抜き、「時空」という1つの概念にまとめあげました。さらに一般相対性理論によって、今度は時空と物質の間にも密接な関係があることを見抜き、物質によって時空が曲がることが重力の原因であることを突き止めました。こうして歴史上初めて、時間や空間の性質が科学的に明らかになったのです。これは同時に、時間と空間を合わせた存在である宇宙そのものを科学的に考えられるようになったことを意味します。

今日、物理学者がいう宇宙論とは、時空とそこにある物的存在のすべてを扱う学問を指します。「宇宙（＝時空）はいつ、どのように始まったのか」「宇宙の中で物質はどのように生まれたのか」を科学的に考える学問が宇宙論であり、それはまさに時空や物質の本質を探る相対性理論の独擅場《どくせんじょう》といってよいでしょう。相対性理論を得ることで、私たちは物理的・科学的に宇宙の成り立ちを考えることが可能になったのです。

一般相対性理論から導き出された意外な宇宙の姿

アインシュタインは一般相対性理論を完成させるとすぐに、宇宙という存在を科学的に解明できることに気づいたようです。つまり、銀河など宇宙の「中身」である物質が、宇宙という「容れ物」にどんな影響を与えるのかを一般相対性理論に基づいて考察することが可能だと考えたのです。

一般相対性理論によれば、物質が存在すると周囲の時空が曲がります。では、宇宙の中にある銀河などの物質は、その周囲の宇宙空間に、そして宇宙全体にどんな影響を及ぼすのでしょうか。それはアインシュタイン方程式を解けばわかります。

前章でも説明したように、アインシュタイン方程式を解くには、いくつかの仮定を与える必要があります（１０３ページ）。そこで、アインシュタインは「宇宙では物質が均等に散らばっている」と仮定しました。これを「**宇宙は一様**である」といいます。実際の宇宙には銀河が密集している領域もあれば、銀河がほとんどない領域もあります。でも、１億光年を越えるようなスケールで銀河の分布を平均すると、宇宙はほとんど一様だといえます。また、「宇宙には特別な方向がない」とも仮定しました。これを「**宇宙は等方的**である」といいます。もし宇宙全体が回転していれば、回転軸の方向は特別な方向になります。しかし、宇宙が回転している証拠は見つかっていないので、この仮定も不自然ではありません。

宇宙は一様かつ等方的であるというこの前提（これを**宇宙原理**といいます）でアインシュタイン方程式を解くと、「宇宙の大きさが変化する」という解が示されました。宇宙の内部にある物質の量が多いと宇宙全体は収縮し、物質の量が少ないと宇宙は膨張するというのです。

これは、アインシュタインにとって予想外のことでした。確かに一般相対性理論は、物質が周囲の時空を曲げることを示します。ただ、それは物質の周囲の時空が局所的に変化しただけで、時空全体・宇宙全体の大きさは永遠不変である、宇宙は膨張や収縮をしたりしない、と信じていました。アインシュタインに限らず、これは当時の科学者にとって常識でもありました。

宇宙を静止させるための宇宙項

宇宙が大きさを変えるのは、物質が周囲の時空を曲げるためですが、これを私たちは「物質の間で重力が働いている」とみなします。そこでアインシュタインは、物質同士が重力で引き合うのに対抗して、宇宙空間が**斥力**《せきりょく》（押し返す力）を持つように、方程式に手を入れました。こうすれば、重力と斥力がちょうど釣り合って、宇宙は一定の大きさを保つことができます。方程式に加えられた「空間が持つ斥力」の項のことを、**宇宙項**と呼びます。

しかし、宇宙空間に斥力が働いていることを示す観測的証拠はありませんでした。これに対してアインシュタインは、宇宙項の値は非常に小さなものだと主張しました。そう考えると、太陽系や銀河系レベルでは斥力がほとんど現れず、何億光年というスケールで初めて斥力の効果が生じることになるので、観測との矛盾も回避できるのです。

こうして1917年、アインシュタインは一般相対性理論に基づく宇宙の姿を発表しました。これを**アインシュタインの静的宇宙モデル**といいます。アインシュタインは、「宇宙は永遠不変、つまり静的な存在である」という伝統的な宇宙観を一

$$R_{\mu\nu} - \frac{1}{2} g_{\mu\nu} R + \Lambda g_{\mu\nu} = \frac{8\pi G}{c^4} T_{\mu\nu}$$

宇宙項
（空間が持つ斥力）

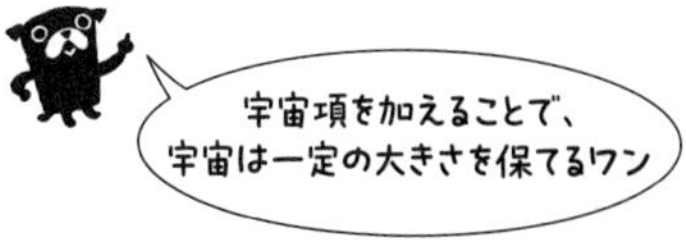
宇宙項を加えることで、
宇宙は一定の大きさを保てるワン

般相対性理論によって説明したのです。

しかし、このモデルは非常に不安定なものでした。いわば、尖った山の頂上にボールをそっと乗せて「ボールは安定している」と主張しているようなものです。もし何らかの揺らぎがあれば、ボールはすぐに転がり落ちてしまいます（これは宇宙が膨張や収縮をすることに相当します）。そんな不安定なモデルなのに、なぜこれでよしとアインシュタインが考えたのか、不思議にさえ思われます。相対性理論によって物理学の常識を打ち破ったアインシュタインでさえ、「宇宙は永遠不変である」という常識からは逃れがたかったのでしょうか。

02 ハッブル‐ルメートルの法則が意味すること

宇宙膨張の証拠が発見される

アインシュタインは静的宇宙モデルを発表しましたが、これに反対する研究者が現れます。アインシュタインは彼らの主張を頑として認めませんでしたが、やがて決定的な証拠が見つかり、考えを変えざるをえなくなるのでした。

フリードマンとルメートルの膨張宇宙像

1922年、ロシアの数学者であるフリードマンは宇宙項のない本来のアインシュタイン方程式を解いて、「膨張宇宙モデル」を発表しました。アインシュタインは宇宙を一定の状態にとどめておくために宇宙項を付け足したのですが、フリードマンは「宇宙項を無理に加える必要はなく、宇宙は膨張したり収縮したりしていいのだ」と考えたのです。これに対して、アインシュタインは「彼の計算は数学的には合っているが、物理的にはありえない」と主張しました。

さらに1927年、ベルギーの天文学者であり、カトリック教会の神父でもあったルメートルが宇宙項付きのアインシュタイン方程式を解いて、やはり宇宙が膨張・収縮を行うことを導き出し、「宇宙は高密度の小さな『宇宙の卵』として始まって、そこから膨張を続けて、現在の広大な宇宙になった」とする論文を発表しました。アインシュタインは国際学会でルメートルに対し、「君の考えは忌まわしいね」と述べたと伝えられています。

「数学的には正しくても、物理的にはありえない」ということは確かにあります。たとえば「面積が4㎡の正方形の1辺の長さはいくらか？」という問題に答える時に、$x^2=4$という方程式を素直に解くと、xの解は+2、-2と2つ出てきます。でも、正方形の1辺の長さがマイナスであることは物理的にありえないので、プラスの2mが正解だ、と考えなければいけません。これと同じように、数学的には「宇宙が膨張・収縮する」という解が出たとしても、それは実際には（物理的には）ありえないし、そんな解を認めるのは忌まわしいことだ、というのがアインシュタインの主張でした。

銀河観測から宇宙膨張の証拠が見つかる

ところが1929年、アメリカの天文学者ハッブルが宇宙が膨張していることを示す決定的な証拠を発見しました。

ハッブルは、カリフォルニア州のウィルソン山天文台に設置されたばかりの、当時の世界最大口径（2・5m）の望遠鏡を使って、遠くにある銀河をいくつも観測していました。その結果、すべての銀河が私たちの銀河（天の川銀河）から遠ざかっていて、しかも各銀河の遠ざかる速度はその銀河までの距離にほぼ比例していたのです。つまり、遠くの銀河ほど高速で遠ざかることになります。これを**ハッブル－ルメートルの法則**と呼びます。そして、この法則の発見が宇宙膨張の決定的な証拠だと考えられました。

なぜ、遠くの銀河ほど速いスピードで遠ざかることが宇宙膨張の証拠となるのでしょうか？　それを理解するために、こんな実験をしてみます。

次ページの図のように、風船の上にW、X、Y、Zと1cmおきに印をつけます。そして風船をさらに膨らませて、1秒後に風船が3倍の大きさになったとします。この時、WとXの間は3倍の3cmになるので、距離が2cm伸びています。

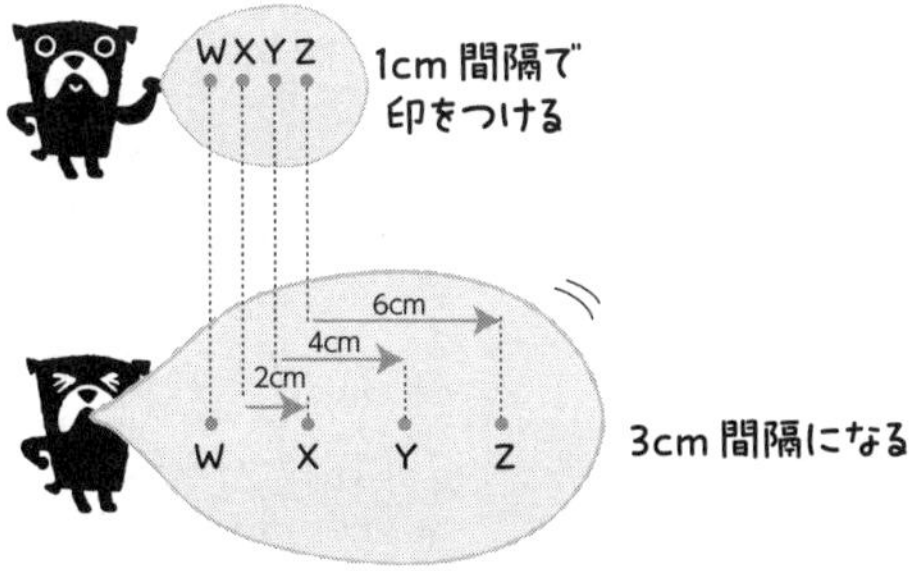

風船を膨らませると、遠く離れた印ほど大きく（速く）遠ざかる。したがって、遠くの銀河ほど速く遠ざかるのは、銀河が存在する宇宙全体が膨張しているためだとわかる

では、WとYの間はというと、もともと2cmだったものが3倍の6cmになるので、4cm伸びています。WとZの間は、もともとの距離3cmが3倍の9cmになるので、6cm伸びます。このように、遠くにあるもの同士のほうが多く伸びる、つまり大きく（速く）遠ざかるのです。

膨らむ風船を宇宙だと考えれば、遠くの銀河ほど速いスピードで遠ざかるのは、銀河がバラバラに動いているのに偶然そうなっているのではなく、銀河が存在する宇宙（＝風船）全体が膨張しているためだ、と推測できます。つまり、宇宙は膨張しているのです。

なお、ごく近くにある銀河同士はお互いの重力によって引かれ合い、近づいています。たとえば私たちがいる天の川銀河と、隣にあるアンドロメダ銀河とは秒速約300㎞で近づいています。ですが遠く離れた銀河同士、正確にはある銀河団(銀河の大集団)に属する銀河と別の銀河団に属する銀河とは、ハッブル-ルメートルの法則にしたがって遠ざかっているのです。

アインシュタインはハッブルのもとを訪れて、観測結果の説明を受けました。そしてついに、宇宙が膨張しているという事実を認めたのです。のちにアインシュタインは「宇宙項を導入したことは、私の生涯最大の不覚だった」と語ったといわれています。

ですが現在、宇宙項は復活を遂げつつあります。近年の観測によると、宇宙は次第に膨張の速度を速めていることがわかっています。その原因は、空間自体が斥力を持っているからではないかとする説が有力です。宇宙が膨張・収縮をしないようにアインシュタインが宇宙項を導入したこと自体は誤りでしたが、空間が斥力を持つという考えは正しかったのかもしれません。そのくわしい話は、のちほどいたしましょう。

03

宇宙の曲率が示すもの
宇宙の「形」からわかる宇宙内の物質・エネルギー量

ハッブル－ルメートルの法則の発見により、宇宙全体が膨張をしていることが明らかになりました。では、宇宙は永遠に膨張を続けるのでしょうか。それとも、膨張はいつか止まって、逆に収縮に転じるようなことがあるのでしょうか。それは、宇宙の曲率がどんな値であるかによって決まってきます。

宇宙の3種類の「形」

「膨張宇宙モデル」を唱えたフリードマンは一般相対性理論に基づいて考えて、宇宙はその曲率の値によって3種類の「形」をとりうることを明らかにしました。曲率とは空間（時空）の曲がり具合を表すものであり（82ページ）、その値は宇宙の中に物質およびエネルギーがどれだけ存在するかによって決まります。

宇宙に存在する物質とエネルギーの量が、ある数値（**臨界量**といいます）より多

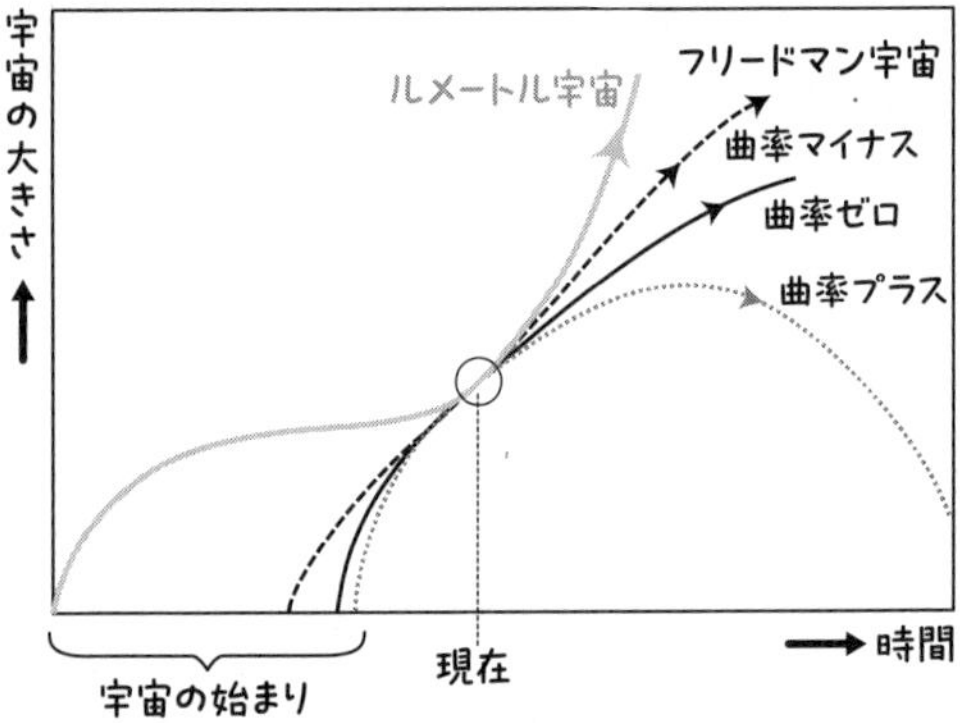

フリードマンが考えた宇宙モデル（フリードマン宇宙、宇宙項のない宇宙モデル）では、宇宙は曲率によって閉じた宇宙（曲率プラス）、平坦な宇宙（曲率ゼロ）、開いた宇宙（曲率マイナス）の３つの形になる

※ ルメートルが考えた宇宙モデル（ルメートル宇宙、宇宙項を持つ宇宙モデル）は184ページで説明する

いと、曲率はプラスの値になります。臨界量より少ない場合は曲率はマイナスの値になり、臨界量と同じであれば曲率はゼロになります。

　曲率がプラスの場合、宇宙はあるところまでは膨張しますが、やがて物質やエネルギーが及ぼす重力によって膨張が止まり、逆に収縮を始め、最終的には潰れてしまいます。こうした宇宙を**閉じた宇宙**といいます。

　一方、曲率がゼロまたは

マイナスの場合、物質やエネルギーの重力は膨張を止めることができるほど大きくはないために、宇宙は永遠に膨張を続けます。曲率がゼロの場合は**平坦な宇宙**、曲率がマイナスの場合は**開いた宇宙**と呼ばれます。

宇宙の形と三角形の内角の和

閉じた宇宙や開いた宇宙などといわれてもイメージするのが難しいので、宇宙すなわち４次元の時空を２次元の面に置き換えて考えてみましょう。

まず、平坦な宇宙とは「平面」に相当します。平坦な宇宙は曲率ゼロ、曲がっていない時空ですので、これが２次元では平面に相当することは理解してもらえるでしょう。また、平面の上で三角形を描くと内角の和は１８０度になりますが、平坦な宇宙の中で三角形を描いても内角の和は１８０度になります。

次に、閉じた宇宙とは「球面」に相当します。球面は「曲がった平面」、すなわち曲面の１つです。また、球面上をまっすぐにどんどん進むと、球の上をぐるりと１周してもとの場所に戻ってきてしまいます。これを「平面が閉じている」といいます。同じように閉じた空間の中でもまっすぐにどんどん進むと、ついにはもとの場所に戻って来ることになります。球面の上で三角形を描くと、内角の和は１８０

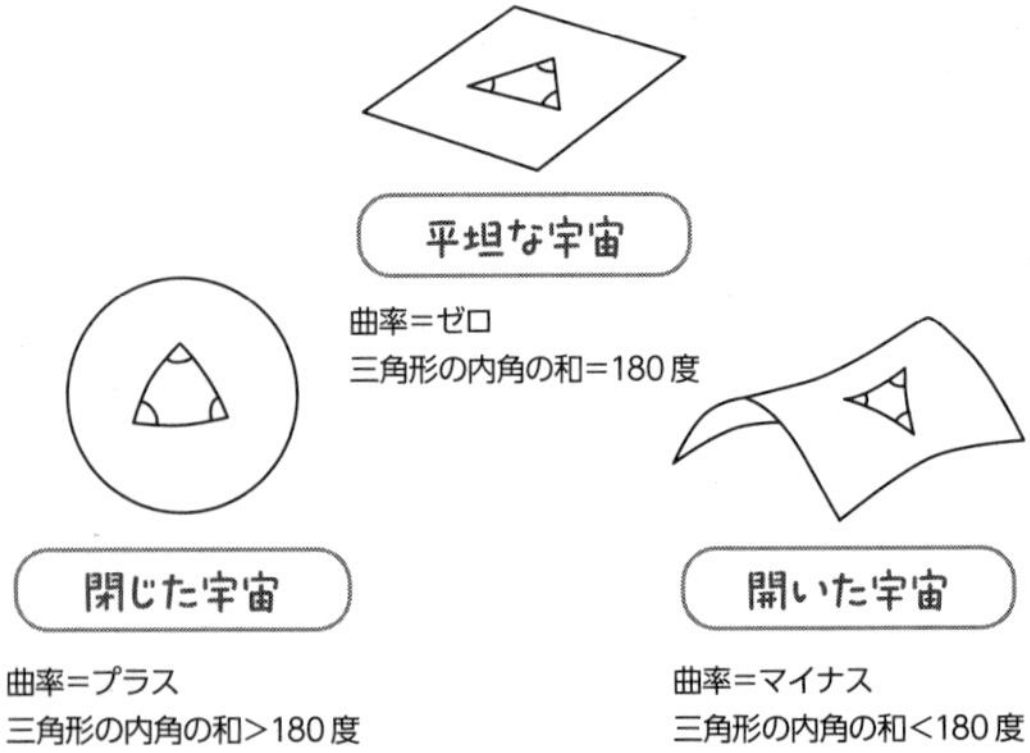

度より大きくなりますが、同じく閉じた宇宙の中で三角形を描いた場合も同様です。
最後に開いた宇宙は、これはよいたとえがあまりありません。強いていえば、馬の鞍《くら》の表面に近いような感じになります。開いた宇宙の中で三角形を描くと、内角の和は１８０度よりも小さくなります。

私たちの宇宙の形は「平坦」である

では、実際の宇宙の曲率はどうなっていて、３種類のうちのどの形になっているのでしょうか？

実はさまざまな宇宙観測によって、宇宙の曲率はほぼゼロであり、宇宙はほとんど平坦であることがわかっています。宇宙の曲率は、宇宙の中で三角形を描いて、その内角の和がどうなっているかを調べればわかります。具体的には、大きさとそこまでの距離がわかっている天体を観測することで、三角測量の要領で内角の和の大きさがわかり、曲率が求められます（詳細な説明は割愛します）。

しかし、宇宙の曲率がほぼゼロであると困ったことが起こります。曲率がゼロになるためには、宇宙の中に存在する物質やエネルギーの量は、先ほど話した臨界量程度であるはずです。しかし、これも宇宙の観測から銀河やガスなど目に見える（光や電波などを放ち、私たちがそれを観測できる）物質の質量だけでは、とても臨界量に達しないことが示されていたからです。

このことから、宇宙の中には私たちがまだ観測できていない、正体不明の物質が大量にあると考えられています。それは**暗黒物質**（ダークマター）という、光や電波を発しないので目には見えないものの、重力だけを周囲に及ぼす物質です。暗黒物質は、目に見える物質の質量の10倍以上もの量が銀河の内部などに存在すると考えられています。

ところが、目に見える物質と暗黒物質を合わせても、まだ臨界量の４分の１程度にしかならないのです。そこで残りの４分の３は、これまた正体不明の**暗黒エネルギー**（ダークエネルギー）という存在であると考えられています。この暗黒エネルギーは、物質が何もない真空の空間が持つエネルギーであり、宇宙の膨張が加速している原因だと考えられているのです。

04

ビッグバン宇宙論の登場

宇宙は火の玉のような状態で始まった

さて、宇宙が膨張しているならば、過去の宇宙はもっと小さかったことになります。ルメートル（153ページ）は「宇宙は高密度の小さな『宇宙の卵』として始まった」と主張しました。現在の宇宙内にある全物質が圧縮された超高密度の小さな固まり、それがいわば宇宙の「卵」であり、その宇宙の卵が膨張とともに分裂していき、現在の宇宙の構造を作り上げたというのです。

火の玉宇宙の中で軽い元素が作られた

これに対して、過去の宇宙は超高密度だっただけでなく、超高温でもあったと考えたのがアメリカの物理学者ガモフです。１９４０年代後半にガモフは仲間とともに、「初期の宇宙は超高温・超高密度の小さな火の玉であり、その中で各種の元素が核融合によって合成された」と主張する論文を発表しました。これが**ビッグバン宇宙論**です。

ガモフたちと彼らに続く研究者たちが描いた、宇宙の始まりは次のようなものです。

宇宙は非常に密度が高く、しかも超高温の「小さな火の玉」のような状態から始まりました。宇宙は急速に膨張し、それにつれて温度が低下していきました。誕生して０・０１秒後、温度が１０００億度の宇宙の中では、陽子や中性子、電子などとともに大量の光が存在していました。温度が下がるにつれて陽子と中性子が結びついていく核融合反応が起きますが、大量の光に邪魔されて核融合反応はゆっくりとしか進みませんでした。その結果、最初の数分間で軽い元素の原子核（陽子1個と中性子1個が結びついた重水素の原子核や、陽子2個と中性子2個が結びついたヘリウムの原子核など）が作られたと考えられています。

宇宙が誕生して30分くらい経つと、温度が下がって核融合反応はもう起こらなくなりました。さらに宇宙誕生から約38万年経つと、宇宙の温度は絶対温度で約３０００度（絶対温度０度は摂氏約マイナス２７３度）に下がり、原子核と電子が結びついて原子を作りました。その結果、水素とヘリウムと光からなる宇宙ができあがりました。さらに宇宙が膨張を続けると、宇宙の各所でガスが集まり始め、星や銀河が生まれていきました。

ビッグバン宇宙論に基づいて、初期宇宙の中でヘリウムがどのくらい作られたのかを計算すると、その理論値は観測によってわかっている現在の宇宙におけるヘリウムの量とほぼ合致しています。このことからも、ビッグバン宇宙論の正しさは裏付けられています。

宇宙背景放射の発見

ビッグバン宇宙論が発表された当時、これを支持する科学者は少数でした。しかし、ガモフが予言した「宇宙で最初に生まれた直進する光」が見つかったことで、ビッグバン宇宙論は大きな支持を集めるようになりました。

先ほど説明したように、初期宇宙の中には大量の光が存在していましたが、この光は激しく動き回る電子と衝突して散乱してしまうので直進できませんでした。これは、雲の中の水滴によって光が散乱されて直進できないために、空に雲があると太陽からの光が地上に届かないのと同じです。

しかし、宇宙の温度が絶対温度で約3000度に下がると、陽子（水素の原子核）が電子と結びついて水素原子を作ります（水素原子ができ始めるのは約4000度からですが、すべての陽子と電子が結合し終わるのは約3000度まで下がった時）。すると、邪魔な電子が原子の内部に取り込まれたことで、光は直進できるようになります。雲が晴れて日光が降り注ぐようになったようなものであり、これを**宇宙の晴れ上がり**と呼びます。

ガモフは、この時に生まれた「直進する光」が、その後の宇宙膨張によって波長が1000倍ほどに引き伸ばされて、現在では電波（の一種であるマイクロ波）として宇宙に満ちているだろうと予言しました。この電波は宇宙全体に満ちていて、宇宙の背景を覆いつくしているので、これを**宇宙背景放射**（宇宙マイクロ波背景放射）といいます。

1964年、当時はアメリカの通信会社に勤める技術者だったペンジアスとウィルソンは、衛星通信用のアンテナの実験をしている時に偶然この電波を発見しました。この発見によって、ビッグバン宇宙論の正しさが広く認められるようになりました。恐竜の化石が昔の地球の姿を教えてくれるように、光の化石である宇宙背景放射は、小さな火の玉だったかつての宇宙の姿を私たちに示してくれたのです。

05 素粒子論的宇宙論の登場

宇宙は生まれてすぐに急膨張を遂げた

ビッグバン宇宙論は、宇宙が膨張・収縮することを示す一般相対性理論を理論的な土台として、ハッブル－ルメートルの宇宙膨張や宇宙背景放射の発見などの観測的事実に裏付けられている、現代宇宙論における標準理論となっています。しかし、ビッグバン宇宙論だけで宇宙の歴史をすべて説明できるわけではありません。特に宇宙のごく初期の様子について、ビッグバン宇宙論では答えられない難問がいくつも横たわっていたのです。

宇宙の始まりは特異点だった？

そうした難問の1つが「宇宙の始まりが特異点になる」という問題で、これを**特異点問題**といいます。

第4章でブラックホール内部の中心の1点が特異点になることを説明しましたが（122ページ）、宇宙の始まりもやはり特異点になってしまいます。過去にさかのぼるほど宇宙はどんどん小さくなって温度や密度が高くなり、宇宙が生まれた瞬間には「ある1点」に凝縮されます。この時、宇宙の温度や密度、さらには曲率などの値がすべて無限大の特異点となってしまうのです。

ブラックホール内部の特異点は、必ず事象の地平面内に隠されるという宇宙検閲官仮説（125ページ）によって、私たちの世界から切り離された存在として「無視」することができます。しかし、宇宙の始まりの1点は現在の宇宙と連続的につながっているので、切り離された存在ではありません。

そこで唱えられたのが、「振動宇宙モデル」というものでした。これは、宇宙は膨張と収縮を繰り返しているという仮説です。振動宇宙モデルの場合、宇宙を過去にさかのぼると、ある程度までは小さくなりますが、特異点に到達する前に今度は逆に大きくなっていきます。これが正しければ、特異点問題を巧みに回避できます。

ところが1960年代の末に、若き日のホーキングとペンローズが「**特異点定理**」を証明しました。この定理は、宇宙の膨張が一般相対性理論に基づく場合、宇宙が必ず特異点から始まることを数学的に証明し、振動宇宙モデルを否定するものだったのです。

インフレーション理論の誕生

他にも、宇宙の初期の様子に関しては難問が山積していて、1970年代の初期宇宙論は停滞した状態でした。「宇宙の始まりは物理学で扱える問題ではない」と考える研究者も少なくなかったのです。しかし、私（佐藤）は当時の最新の素粒子理論である**統一理論**を使えば、宇宙の初期の様子にもっと迫れるのではないかと考えました。統一理論とは、素粒子に働く4つの基本的な力（重力、電磁気力、原子核の中で働く「強い力」と「弱い力」）を統一的に説明しようとする理論で、現在も研究が続けられています。

初期の超高温の宇宙の中では、あらゆる物質が分解されて素粒子になっていたと

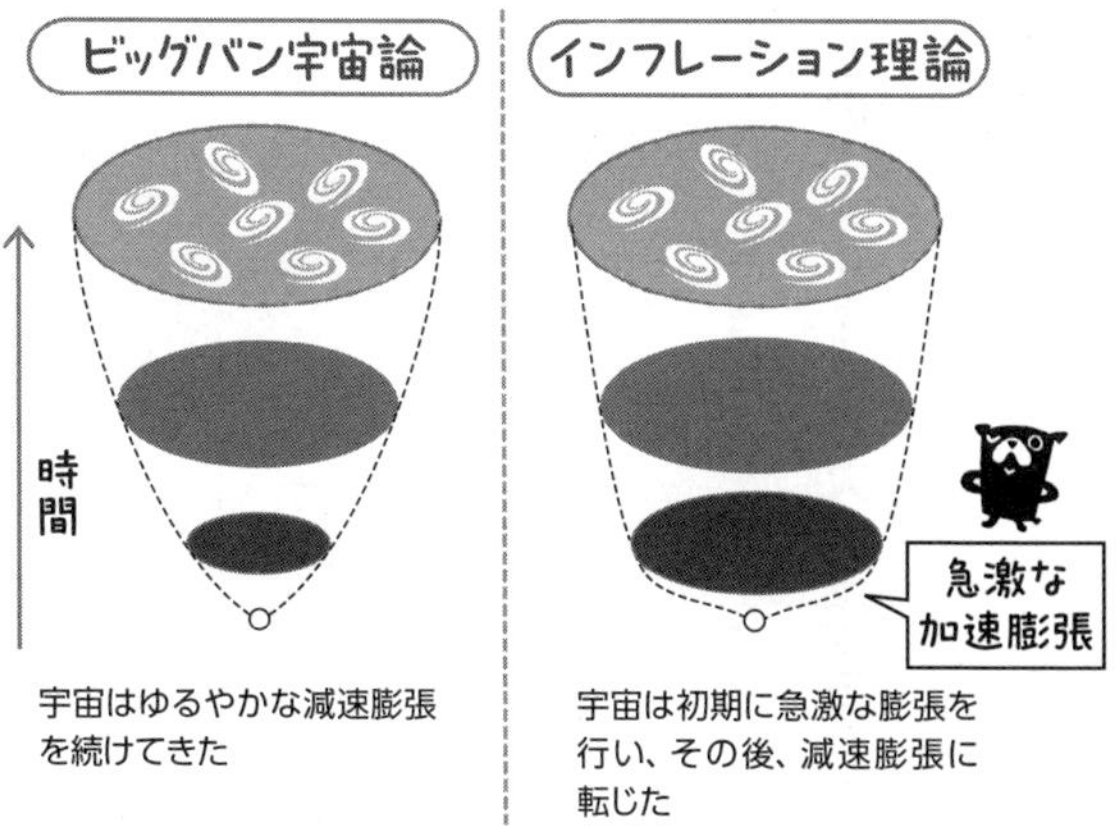

宇宙はゆるやかな減速膨張を続けてきた

宇宙は初期に急激な膨張を行い、その後、減速膨張に転じた

されています。したがって、素粒子の性質を知らずして、初期宇宙の研究をすることはできないのです。

　1980年に、私は「宇宙は生まれてすぐに、倍々ゲームのようにサイズが大きくなる急膨張を遂げた」という理論を発表しました。当初、この宇宙モデルを「指数関数的膨張モデル」と呼びましたが、私の半年後に同様のモデルを発表したアメリカの宇宙物理学者グースが「インフレーション宇宙モデル」という巧みな名前をつけました。そのために現在では**インフレーション理論**と呼ばれています。

　ビッグバン宇宙論では、宇宙は誕生以来、膨張の割合が少しずつ遅くなる

「減速膨張」をしてきたと考えていました。しかしインフレーション理論では、生まれた直後のみ宇宙は膨張の割合が倍々ゲームのように速くなる「加速膨張」をしたと考えるのです。

インフレーション理論は、それまでビッグバン宇宙論の手に余っていた問題の多くに解答を与えることができました。たとえば、現在の宇宙には「グレートウォール」という、十数億光年にもわたって銀河が壁状に連なった構造があることがわかっています。宇宙がゆっくりと膨張してきた場合には、このような巨大な構造物ができることは原理的にありえないと考えられていました。これに対してインフレーション理論は、初期の宇宙にできたグレートウォールの「種」（物質の密度の濃淡）が急膨張によって一瞬のうちに大きく引き伸ばされれば、十数億光年にもわたる宇宙の構造ができることを示したのです。

真空のエネルギーが火の玉宇宙を生んだ

さて、インフレーション理論は初期宇宙の急激な膨張を生み出す力を、「初期宇宙には真空のエネルギーが存在し、これが斥力として作用したためだ」と考えます。この真空のエネルギーを考慮してアインシュタイン方程式を解くと、アインシユタインが考えた宇宙項と同じものが式の中に現れました。値そのものはかなり異なりましたが、「宇宙空間には斥力がある」というアインシュタインの考え自体は間違いではなかったのです。

なお、現在の宇宙にも空間が持つ斥力、すなわち暗黒エネルギーが存在することは先ほどお話ししました。この暗黒エネルギーは、初期宇宙に存在した真空のエネルギーが現在の宇宙にわずかながら残ったものだと考えられています。

何もないはずの真空がエネルギーを持つというのは、奇妙に思えるかもしれません。ですが、素粒子の理論である統一理論によると、「空っぽの空間」であるはずの真空の性質が変化することがあるといいます。これは「真空の相転移《そうてんい》」と呼ばれます。

相転移とは、ある温度や圧力などを境に物質の性質が一変することです。たとえば液体の水は0℃で固体の氷になったり、100℃で気体の水蒸気になったりと、同じ水という物質でありながら性質が大きく変化します。これは水が相転移を起こしたためです。

ですが、空っぽの空間であるはずの真空が相転移を起こすなどというのは、当時は素粒子論における一種の方便とされていました。したがって、これを実際の宇宙の問題と結びつけて考える研究者はほぼ皆無だったのです。しかし私は、真空の相転移が生まれてまもない宇宙で実際に起きたなら、宇宙の歴史にどんな影響を及ぼすかを検討しました。すると、真空が持つ（空間そのものが持つ）エネルギーがミクロの初期宇宙をインフレーション膨張させることがわかったのです。

統一理論によると、相転移を起こす前の真空は巨大なエネルギーを持っています。そのエネルギーによって、素粒子よりも小さかった宇宙は一瞬にして急膨張し、私たちの目に見えるサイズにまで成長します。そして真空が相転移を起こすとインフレーション膨張が終わり、巨大なエネルギーは熱に変わって宇宙全体を加熱します。これがビッグバンです。一般には、宇宙が生まれた瞬間のことを「ビッグバン」と呼ぶ場合も多いと思いますが、厳密にいえば、宇宙は生まれた直後に急膨張を起こして、それが終わるとビッグバン＝火の玉状態になったことになります。

ビッグバン宇宙論では初期の宇宙が超高温の火の玉だったと考えますが、なぜ超高温だったのかという理由は説明できませんでした。インフレーション理論は、初期宇宙が超高温だった理由も明らかにしたのです。

このように、素粒子の理論を初期宇宙に適用したものを**素粒子論的宇宙論**といいます。素粒子に関する知見を初期宇宙にも適用することで、私たちは初期宇宙の謎の解明に大きく近づけるようになったのです。

06

最新理論が説明する宇宙誕生の様子

宇宙の「本当の始まり」を求めて

インフレーション理論は、真空のエネルギー、すなわちアインシュタインが撤回した宇宙項を「復活」させることで、初期宇宙が超高温だった理由などを明らかにしました。しかし、まだ謎は残っています。それは宇宙誕生の謎です。

宇宙の始まりとは時空の始まり

「宇宙の誕生」「宇宙の始まり」とは、「時空の始まり」のことです。つまり、現代宇宙論は「時空には始まりがある――その〝前〟には時間も空間もなかった」と考えます。

私たちはこれまで、時空の物理学である相対性理論をベースに宇宙の姿を考えてきました。しかし相対性理論も、時空が生まれるメカニズムは語れません。アインシュタイン方程式が示すのは、すでに存在している時空とその内部に存在する物質との関係性であって、時空や物質の起源については説明できないのです。

そもそも「時空の始まり」とはどんなものか、想像すら困難です。空間に始まりがあるなら、最初の空間はどこから生まれたのでしょうか？　空間がない以上、「どこ」といえる場所もないのです。さらに奇妙なのは「時間の始まり」です。時間的な〝前〟がないのですから、「時間が始まる前は」とすらいえないのです。時間が始まる〝前〟（と表現するしかありませんが）、時間は止まっていたのでしょうか？　「止まっている時間」は時間なのでしょうか？　それとも止まっている時間さえなかったのでしょうか？

宇宙の始まり、時空の始まりの謎は、現在も解かれていません。しかし、現代の宇宙物理学者たちは、未完成の最新理論を使って果敢にこの謎に挑んでいるのです。

量子重力理論に基づく宇宙創成のシナリオ

１９８０年代前半に、ウクライナ生まれの物理学者ビレンケンや、ホーキングは量子重力理論（１３８ページ）に基づいて宇宙の始まりを説明する仮説を唱えました。

ビレンケンは「宇宙は物質も時間も空間もない『無』の状態から、トンネル効果によって生まれた」とする**無からの宇宙創成論**を発表しました。先ほども「空っぽであるはずの真空の性質が変化する」という真空の相転移について触れましたし、真空中に非常に大きなエネルギーを集中させると、何もないはずの空間から粒子と反粒子のペアが出現することも前章（１３５ページ）で説明しました。このように、真空とは何もない状態、完全なる無ではなく、いわば無と有の間を揺らいでいるものだと考えます。こうした「無」の中から「有」、すなわち最初の極小宇宙が生まれたというのがビレンケンの主張です。

トンネル効果とは、ミクロの物質が普通は越えられない「エネルギーの壁」をごくまれに通り抜ける現象で、これも量子論によって説明できます。ビレンケンによると、最初の宇宙はエネルギーゼロ、大きさゼロの「無」の状態で生まれたり消えたりしていたといいます。そしてある時突然、トンネル効果によって宇宙は極微の大きさを持つ存在として誕生し、すぐさま真空のエネルギーによってインフレーシ

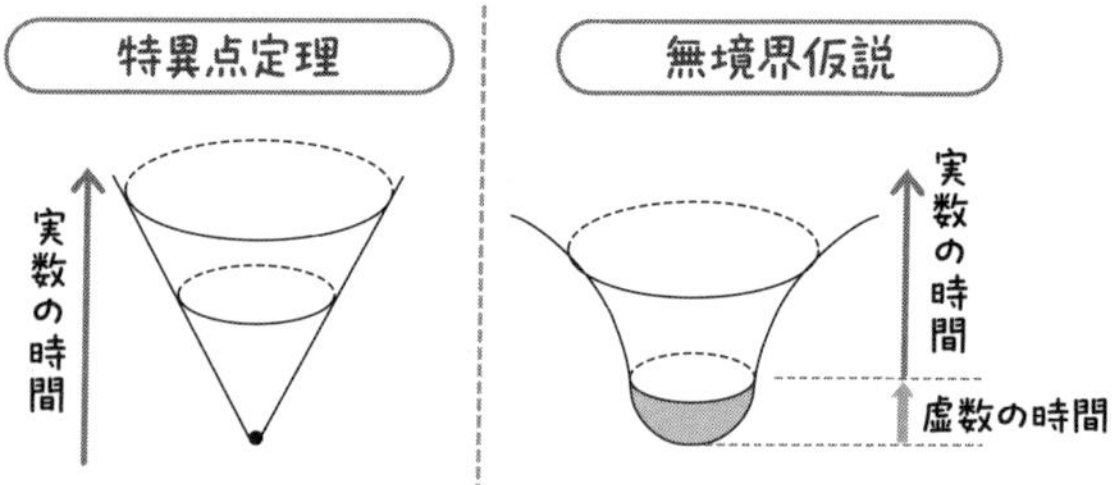

宇宙の始まりは特別な1点（特異点）になる

宇宙の始まりは半球面の全体で表される（特異点ではない）

ヨンを起こし、急激に膨張していったといいます。感覚的には理解できないでしょうが、こうしたことが物理的にはきちんと説明できるのです。

一方、ホーキングは「宇宙が虚数《きょすう》の時間に生まれたならば、宇宙の始まりが特異点になることを回避できる」という**無境界仮説**を提唱しました。ホーキングはかつて、特異点定理（168ページ）によって宇宙の始まりが必ず特異点になると主張しました。しかし、自らの理論を乗り越えるために、ミクロの世界の物理法則である量子論の中で使われる「虚数の時間」という特殊な時間を想定すればよいと主張したのです。

ホーキングの主張を模式的に表すと、上

の図のようになります。宇宙は特異点となる「ある1点」からではなく、虚数の時間においてどこからかわからないようにして始まったと考えます。そして虚数の時間が実数の時間に変化した時が「トンネルを出た」瞬間に当たり、宇宙が姿を現したというのです。

ホーキングやビレンケンの主張は、土台となる量子重力理論が未完成なので、「仮説の上に立てられた仮説」に過ぎません。ですが、私たちが知っている物理学に基づいて宇宙の始まりを説明する上では、一定の説得力を持っていると思います。

ブレーン宇宙モデルが描く「永遠の宇宙」

一方、1990年代半ばから、まったく新しい宇宙観に基づく宇宙の始まりが議論されています。それは、私たちの宇宙の外に高次元の時空が広がっていると考える**ブレーン宇宙モデル**に基づく仮説です。

私たちが住んでいる時空は、空間3次元と時間1次元を合わせた4次元時空です。しかし、最先端の素粒子理論（究極の素粒子はひも状の存在だとする超ひも理論）によると、時空の次元はもっと多くて、10次元や11次元だとされています。漫

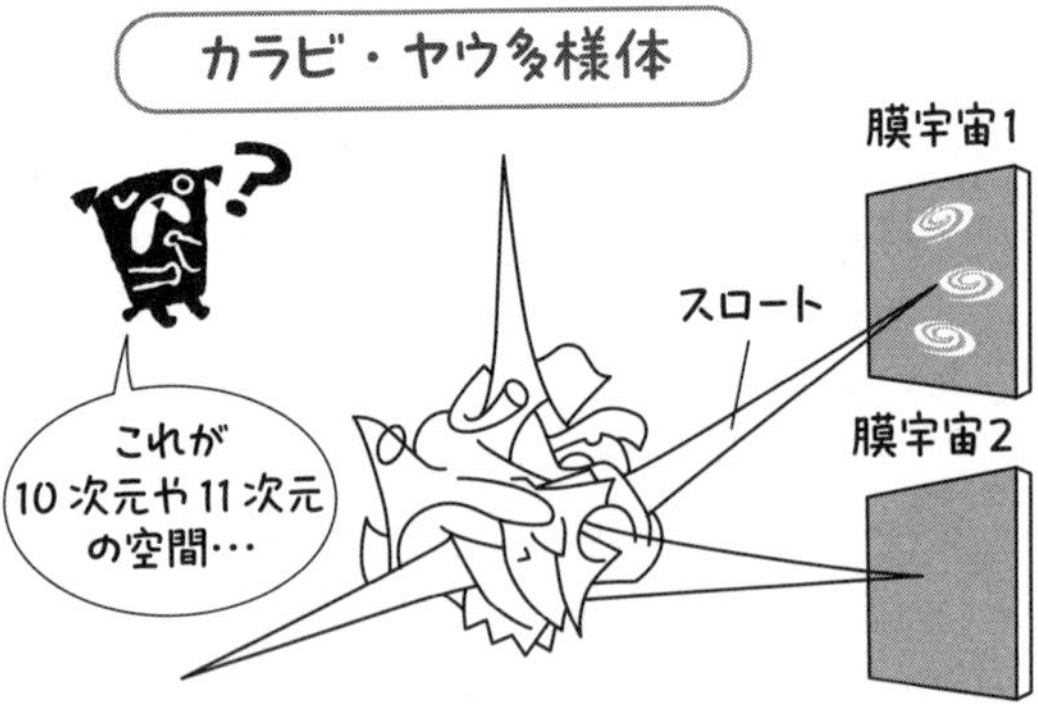

画の登場人物が2次元の紙の上に描かれて2次元の世界に「閉じ込められている」ように、私たちは4次元時空に閉じ込められているので、その外に広がる高次元時空に気づかないのです。

高次元時空を認識できる存在からすれば、私たちの住む4次元時空、つまり4次元の宇宙は薄い膜のようなものなのかもしれません。これがブレーン宇宙モデルです。なお、ブレーンとは「薄膜」を意味するメンブレーン（membrane）という言葉から名づけられました。脳（brain）とは関係ありません。

10次元や11次元の空間を想像するのは困難ですが、むりやり絵に描くなら、上の図のようなものになります。私たちに認識できない次元（余剰次元）が小さく丸まって絡みついた不思議な高次元時空（カラビ・ヤウ多様体）からスロート（喉という意味）というものが伸びて、私たちの宇宙（膜宇宙）と接しています。さらに高次元時空からは何本ものスロートが伸びて、別の膜宇宙と接しています。つまり、私たちが住む宇宙以外にも、別の宇宙がたくさん存在するのです。

宇宙は英語で「ユニバース」といいます。「ユニ」は「1つの」という意味なので、宇宙がたくさんあるならこの言葉を変えなければいけません。そこで、たくさんの宇宙を意味する**マルチバース**という言葉が作られました。研究者によっては、マルチバースは全部で10の200乗個や500乗個という途方もない数が存在すると主張しています。

また、ビッグバンは私たちの宇宙が別の宇宙と衝突して起きたものだ、と主張する研究者もいます。2つの宇宙は衝突を永遠に繰り返しているので、この仮説（エキピロティック宇宙モデル）が正しければ、宇宙には始まりも終わりもないことになります。

これらの仮説はどれも理論的に不完全なものですが、多くの研究者が注目し、宇宙の本当の始まりを解き明かそうとしているのです。

07

観測的宇宙論による宇宙年齢の決定

宇宙の年齢は138億歳だった

現代宇宙論は、けっして理論の話や仮説ばかりではありません。1990年代になると**観測的宇宙論**が大きく進展しました。宇宙を観測する人工衛星が多数打ち上げられ、ビッグバン宇宙論やインフレーション理論を裏打ちする、多くの観測データが得られました。宇宙論はもはや「論」ではなく「学」になり、検証可能な科学になったのです。

宇宙背景放射を観測する天文衛星

1989年にNASA（アメリカ航空宇宙局）は宇宙背景放射を観測する天文衛星COBE《コービー》を、2001年には後継機であるWMAP《ダブルマップ》を打ち上げました。さらに2009年にはESA（欧州宇宙機関）が天文衛星「プランク」を打ち上げて、宇宙背景放射をくわしく観測しました。

ＣＯＢＥの観測により、宇宙背景放射が火の玉宇宙時代の光の化石であることがあらためて証明されました。また、これはＣＯＢＥ最大の成果ですが、宇宙背景放射の強さにわずかな「揺らぎ」（強弱のむら）を見つけたのです。

宇宙背景放射の強さは、宇宙のどの方向からやって来るものも同じ強度になっているという特徴があります。しかし、インフレーション理論によると完全に同じではなく、わずかな強弱の揺らぎがあると考えられていました。宇宙背景放射の強度の揺らぎは、初期宇宙の温度の揺らぎに由来するものですが、これは同時に物質が分布する密度の揺らぎでもあります。この「密度揺らぎ」が次第に成長して、銀河や銀河団、超銀河団といった宇宙の大構造が作られたのだ、というのがインフレーション理論の考えでした。

従来の観測では宇宙背景放射に揺らぎは見つけられなかったのですが、ついにＣＯＢＥがこれを発見したのです。揺らぎの振幅は10万分の1というわずかなものであり、ＣＯＢＥの研究リーダーであるアメリカの物理学者スムートは、「これでインフレーション理論の正しさを人々が信じるようになるだろう」と述べました。スムートらＣＯＢＥの研究リーダーたちは、２００６年にノーベル物理学賞を受賞しています。

ＷＭＡＰとプランクは、宇宙背景放射をさらに精度よく観測するのと同時に、宇宙の膨張速度を測定しました。宇宙の膨張速度がわかると、そこから逆算して現在の広大な宇宙が1点に集まるのがいつなのか、つまり宇宙が何年前に生まれたのかがわかるのです。実際にはそう単純ではないのですが、宇宙背景放射の観測データの解析結果などと合わせることで、宇宙年齢を正確に見積もることが可能になります。

最新のプランクの研究成果（２０１３年発表）によると、宇宙の年齢は約１３８億歳（正確には１３７・９６±０・５８億歳）です。わずか四半世紀前、私たちは「宇宙は１００億歳から２００億歳の間」としかいえませんでした。それが現在では、１％未満の誤差の範囲で宇宙の年齢をいえるのですから、素晴らしい進歩です。私たち宇宙論研究者が理論的に予想してきたことを、実際の観測で確かめられるのは大変嬉しいことです。

宇宙の95％は正体不明だった

しかし、宇宙に関する大きな謎はまだたくさん残っています。現代宇宙論は宇宙の歴史の大まかな骨格を描き出すことには成功しましたが、肉付けしていく作業はこれからです。イギリスの著名な宇宙物理学者シルクは、「宇宙論はけっして終わったのではない。たぶん、その始まりの段階が終わったのだろう」と語っています。

謎の1つは、宇宙の構成要素についてです。プランクの解析結果によると、宇宙の構成要素のうち私たちが正体をよく知っているのはたった5％に過ぎないというのです。銀河や恒星、惑星、星間ガス、そして人間やあらゆる生命の体などは、各種の元素（原子）でできています。原子のおもな成分である、陽子や中性子のことを**バリオン**といいます。バリオンでできた物質は、私たちにとって身近なものであり、その正体がよくわかっています。しかし、宇宙を作るすべての要素の中でバリオンが占める割合はたった5％しかない、というのがプランクの結論です。

残り95％のうち、27％は「目には見えないが、周囲に重力を及ぼす物質」であり、161ページで説明した暗黒物質です。暗黒物質の正体については、最新の素粒子物理学が存在を予想している未知の素粒子（ニュートラリーノなど）ではないかと考えられています。現在、世界中の研究機関で暗黒物質の正体探しが進んでおり、そう遠くない将来に判明するだろうと期待されています。

暗黒エネルギーの解明が革命的な物理理論を生み出す

さらに残りの68％は、重力とは逆の「斥力」を及ぼす謎のエネルギーだと考えられており、これが暗黒エネルギー（161ページ）です。

暗黒エネルギーの存在が明らかになったのは、1998年のことです。アメリカとオーストラリアの2つの研究チームが、遠方の銀河を観測して過去の宇宙膨張の速さを調べました。すると、宇宙膨張のスピードがだんだん加速していることがわかったのです。

従来の常識からすると、宇宙の膨張スピードは宇宙の内部にある物質の重力によってだんだん遅くなっていると信じられていました。宇宙の膨張スピードが速くなるというのは、リンゴを上に投げると普通はリンゴが落ちて来るはずなのに、スピードを増してどんどん上昇している状態と同じです。ありえないことが宇宙に起きていて、それを引き起こしている正体不明の犯人が、暗黒エネルギーなのです。

157ページで、フリードマンが宇宙の曲率の値によって、宇宙の形を3種類に分けたことを説明しました。フリードマンのモデルは宇宙項がない場合、つまり暗黒エネルギーを想定しない場合です。一方、ルメートル（153ページ）が考えたように、宇宙項がある、あるいは暗黒エネルギーが存在すると考えると宇宙がどのように膨張するのかは、158ページの図の中に示しています。つまり、宇宙の膨張につれて宇宙の内部にある物質やエネルギーの密度が低下していくと、重力がどんどん小さくなっていって、ある時点で暗黒エネルギーがもたらす斥力を下回るようになります。すると、その斥力によって、宇宙膨張が減速から加速に転じるのです。

現在、宇宙論の研究者たちは、過去の宇宙の膨張スピードをさらにくわしく調べて、暗黒エネルギーが時間とともにどう変化しているのかを解明しようとしています。それによって暗黒エネルギーの性質を明らかにして、その正体を絞り込んでいこうという目論見です。日本では、現代宇宙論をリードする村山斉氏（東京大学国際高等研究所カブリ数物連携宇宙研究機構教授）を中心にして、ハワイにある日本の「すばる望遠鏡」に搭載される次世代観測装置を利用して宇宙の大規模サーベイを行う「すみれ計画（SuMIRe：Subaru Measurement of Images and Redshifts）」がスタートしようとしています。遠方の銀河と星の広域巨大統計を取ることで、暗黒物質や暗黒エネルギーの正体や、多種多様な銀河の形成・進化の物理過程に迫ることが期待されています。

暗黒物質や暗黒エネルギーの謎を解き明かすことで、私たちは宇宙の真の姿をさらに深く理解できるようになるでしょう。特に暗黒エネルギーの謎の解明は量子重力理論など未完の物理理論の完成を助け、相対性理論の登場で物理学が大きく革新されたのと同じように、革命的な物理理論の誕生に結びつくことが期待されています。

第6章

重力波天文学が拓く未来

～ついに解けた！ アインシュタイン“最後の宿題”～

01

予言から100年後の初直接観測
重力の変化を伝える波・重力波

第6章では、**重力波**について説明します。

「はじめに」でも述べたように、2016年2月、史上初めて重力波が直接観測されたことが発表され、大きな話題となりました。1916年に、アインシュタインが一般相対性理論の帰結として重力の変化を光速で伝える波の存在を予言してから、ちょうど100年の歳月が経っていました。

重力波は「時空のさざ波」

重力波とは、「重力の変化を光速で伝える波」です。すでに説明したように、重力とは「時空の曲がりによって生じる力」ですから、重力の変化とは「時空の曲がり具合の変化」のことでもあり、それが周囲に波として伝わっていくのが重力波です。

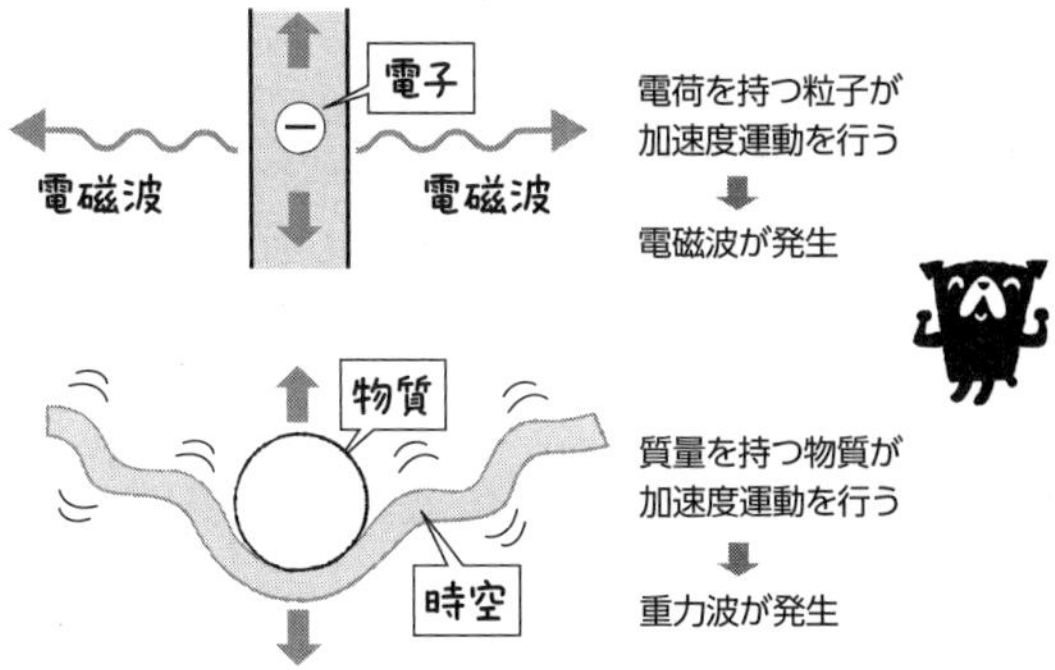

アインシュタインは一般相対性理論を発表した翌年に、重力波の存在を予言しました。彼が考えたのは、電磁場の変化が電磁波として周囲に伝わるように、時空の曲り具合の変化も波の形で周囲に伝わるに違いない、ということでした。

第２章でも触れましたが、電磁気学を完成させたマクスウェルは、電磁気学の基本方程式（マクスウェルの方程式）から「波動解」というものを導き出し、電磁場の変化が光速 c で周囲に伝播すること、すなわち電磁波が存在することを予言しました（36ページ）。これと同じように、アインシュタインは一般相対性理論の基本となるアインシュタイン方程式から、「波動解」を導き出すことに成功します。これは「重力場」の変化、すなわち時空の曲がり具合の変化（＝重力の変化）が光速で周囲に伝わることを示すものだったのです。

電磁波は、電荷を持つ粒子、たとえば電子が加速度運動を行うことで発生します。電子が電線の中で流れる向きを周期的に変える（つまり交流が流れる）と、電線の周囲に電磁波が発生します（前ページの図参照）。運動の向きが変わるものは加速度運動だからです。

重力波の場合は、質量を持つ物質が加速度運動を行うことで発生します。物質と周囲の時空の関係は、ゴム膜の上にボールを置いた時の様子でイメージできます。ボールを乗せるとゴム膜がたわんで表面が曲がるのが、時空の曲がりに相当します。ここで、ボールを上下に揺さぶるとゴム膜の表面が波打って、それが周囲に広がります。水面にさざ波が立って周囲に広がっていくのと同じで、いわば重力波は「時空のさざ波」なのです。

重力波は非常に微弱な波

重力波を時空のさざ波といいましたが、これは非常に微弱な波です。重力波は物体が加速度運動をする時に放出されますので、極端にいえば私たちが腕をぐるぐる

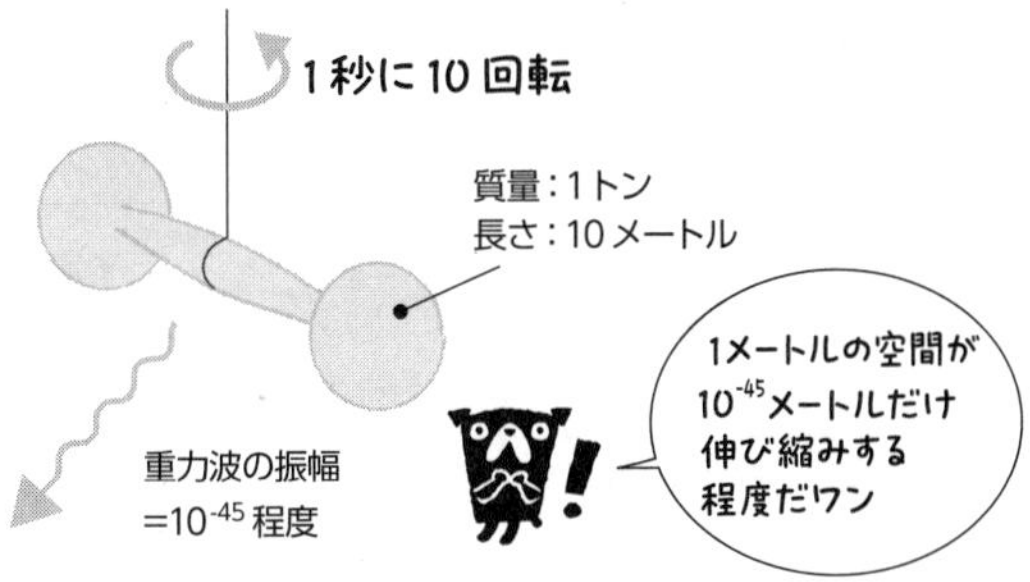

と回しただけでも（円運動は進む方向が変化するので、加速度運動の一種です）発生します。しかし、腕を振り回して発生する重力波はあまりにも弱過ぎて、とても観測できません。

重力波が伝わると、空間がわずかに伸び縮みします。しかし、その影響はごくわずかです。たとえば、上の図のようなダンベルに似た装置を作って、人工的に重力波を発生させたとします。この時に発生する重力波の振幅は、10のマイナス45乗くらいです。これは重力波が伝わってきた時に、1mの空間が10のマイナス45乗mだけ伸び縮みすることを意味します。こんなわずかな変化を観測することは、絶対にできません。

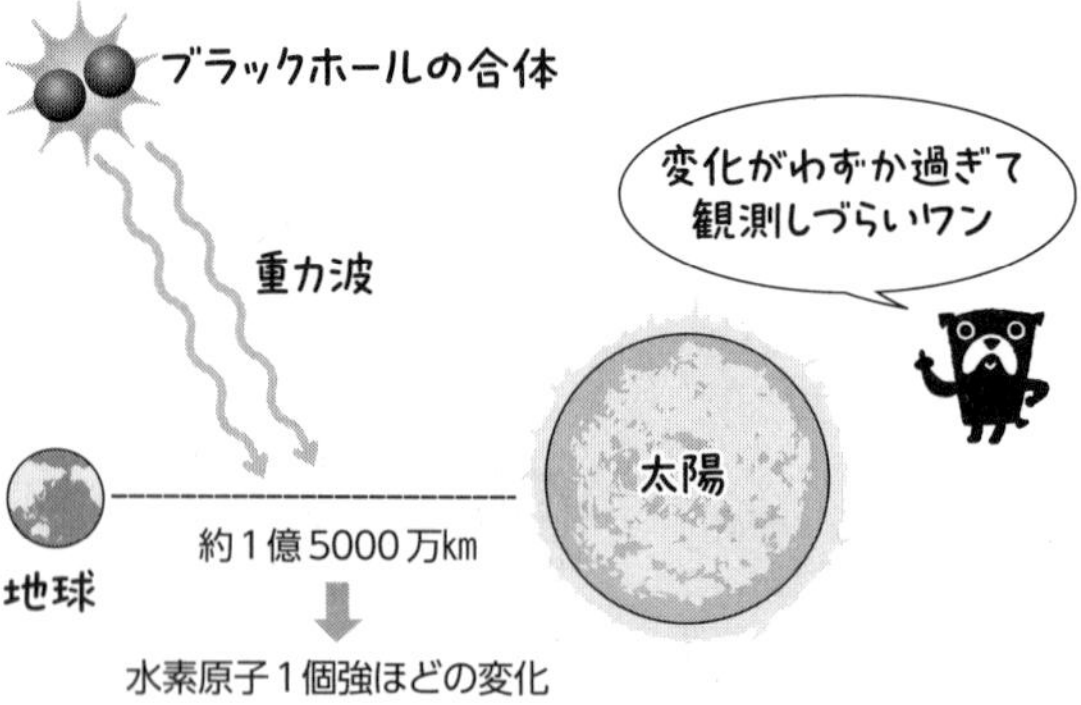

そこで、人工の重力波ではなく〝天然〟の重力波、宇宙で発生する重力波を観測しようということになります。超新星爆発の際や、中性子星やブラックホールなどの強い重力を及ぼす星同士がぶつかって合体する時など、非常に激しい天文現象において発生する強力な重力波だけが、かろうじて観測できるレベルのものになります。

２０１５年に初めて観測された重力波は、ブラックホール同士の合体によって発生したものでした。この重力波の振幅は、10のマイナス21乗程度でした。これは、地球と太陽の間の距離（約1億５０００万km、１・５×10の11乗m）が、水素原子１個分（およそ１００万分の１mm、10のマイナス10乗m）強の大きさだけ伸び縮みしたことになります。地球と太陽の間の距離が原子1個分程度伸び縮みする、そんなわずかな変化をとらえないといけないわけですから、重力波の観測がどれだけ困難だったのか、アインシュタインの宿題を解くのになぜ１００年もかかったのか、おわかりいただけることでしょう。

02

連星パルサーの重力波放出
間接的に証明されていた重力波の存在

重力波を直接観測することは困難でしたが、重力波が存在していることは今から40年ほど前に間接的に証明されていました。それは、**連星パルサー**からの重力波の放出が理論的に証明されていたからです。

パルサーとは何か

110ページで説明したように、中性子星は超新星爆発によって星の中心部が圧縮されてできる天体であり、ほとんどが中性子でできています。質量が太陽と同じくらいなのに半径は10㎞程度しかなく、中性子星の表面における重力は太陽の表面での重力の数十億倍にもなっています。

中性子星は星の燃えかすであり、非常に暗い天体なので普通は観測が困難です。しかし、そうした中性子星がパルス状の（鼓動や脈拍のような）電磁波を放つ**パルサー**として観測される場合があります。

中性子星は強い磁場を持ち、高速で自転しています。中性子星の磁極（北極と南極）には電子などの粒子が出入りして、その際に磁極からビーム状の電磁波が磁極の方向に放出されます。中性子星の自転軸と磁極の向きは一致していないのが普通なので、磁極から放出されたビーム状の電磁波は、灯台の光が周囲を照らすように自転によって回転しながら宇宙のあちこちを照らします。たまたまビームの方向に地球があると、中性子星の自転にともなってパルス状の電磁波がやって来るように地球で観測されます。これが、「宇宙の灯台」ともいわれるパルサーです。

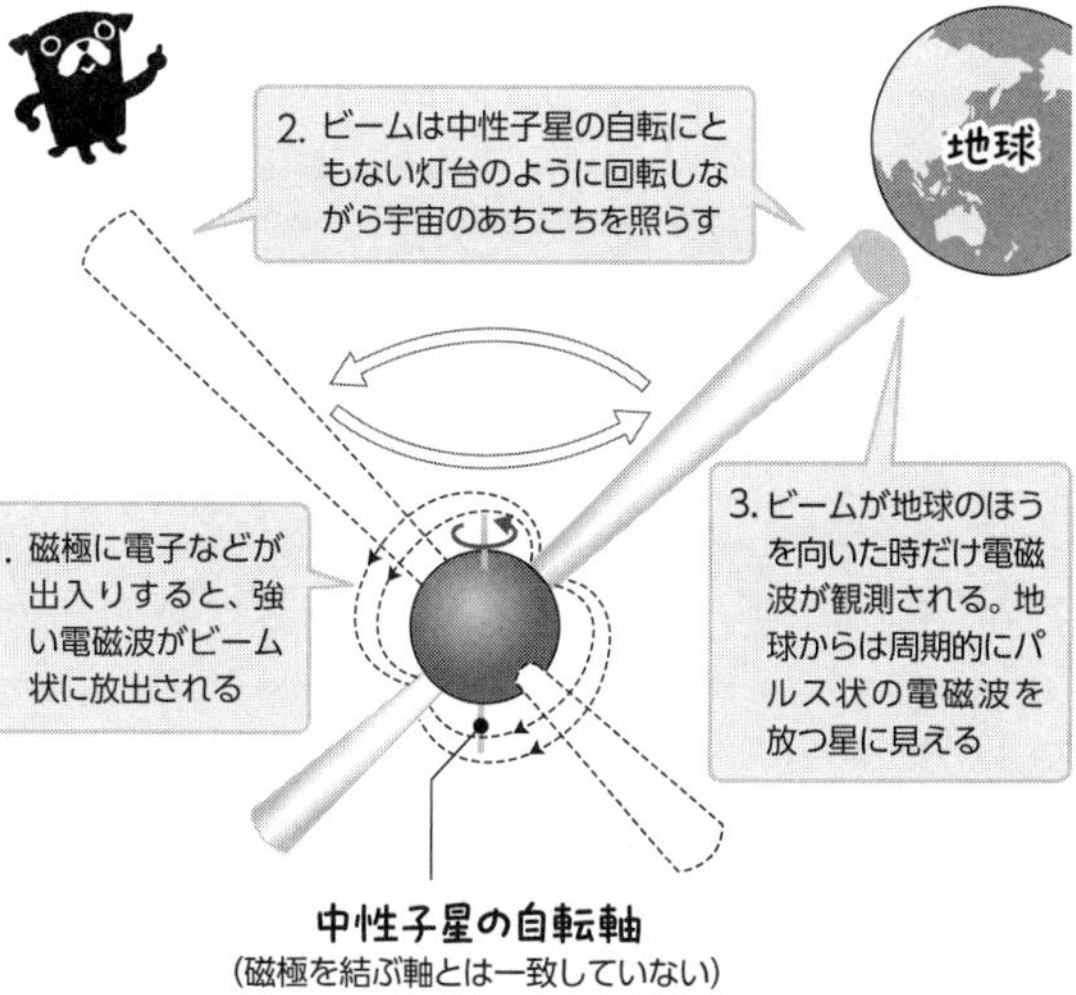
2. ビームは中性子星の自転にともない灯台のように回転しながら宇宙のあちこちを照らす
地球
1. 磁極に電子などが出入りすると、強い電磁波がビーム状に放出される
3. ビームが地球のほうを向いた時だけ電磁波が観測される。地球からは周期的にパルス状の電磁波を放つ星に見える
中性子星の自転軸
(磁極を結ぶ軸とは一致していない)

パルサーからの電磁波の周期はきわめて一定であり、その正確さは原子時計に匹敵するほどです。初めてパルサーが発見された時、あまりに周期的な電波がやって来るので、これは地球外知的生命からの信号なのではないかと疑われたほどでした。

連星パルサーの発見

1974年、アメリカの天体物理学者テイラーと、当時大学院生だったハルスは新たなパルサーを発見しました。のちに「PSR B1913+16」と名づけられたこのパルサーを調べていた2人は、おかしなことに気づきました。パルサーからやって来るパルス（電磁波）の周期は一定のはずなのに、観測するたびに違う値になってしまうのです。

2人は何度も観測した結果、パルスの周期が7時間45分ごとに増減していることを突き止め、このパルサーが別の天体と連星を組む連星パルサーであることを確信しました。パルサーが公転軌道上を回ることで、地球に対して近づいたり遠ざかったりするので、ドップラー効果によって電磁波の波長が周期的に短くなったり長くなったりしていたのです。ドップラー効果は、波（音波や電磁波など）の発生源が観測者に対して近づく時は波の波長が短く観測され、遠ざかる時には波長が長く観測される現象です。そして周期の変化である7時間45分は、連星の公転周期に相当します。

連星であることがわかると、2つの星の質量や重力の強さ、軌道の大きさなどが計算によって求められます。その結果、連星を組んでいるもう1つの天体も、やはり中性子星であることがわかりました。2つの天体は**連星中性子星**だったのです。連星パルサーや連星中性子星の発見は、世界初のことでした。

2つの中性子星の質量はともに太陽の質量の約1・4倍で、両者間の平均距離は

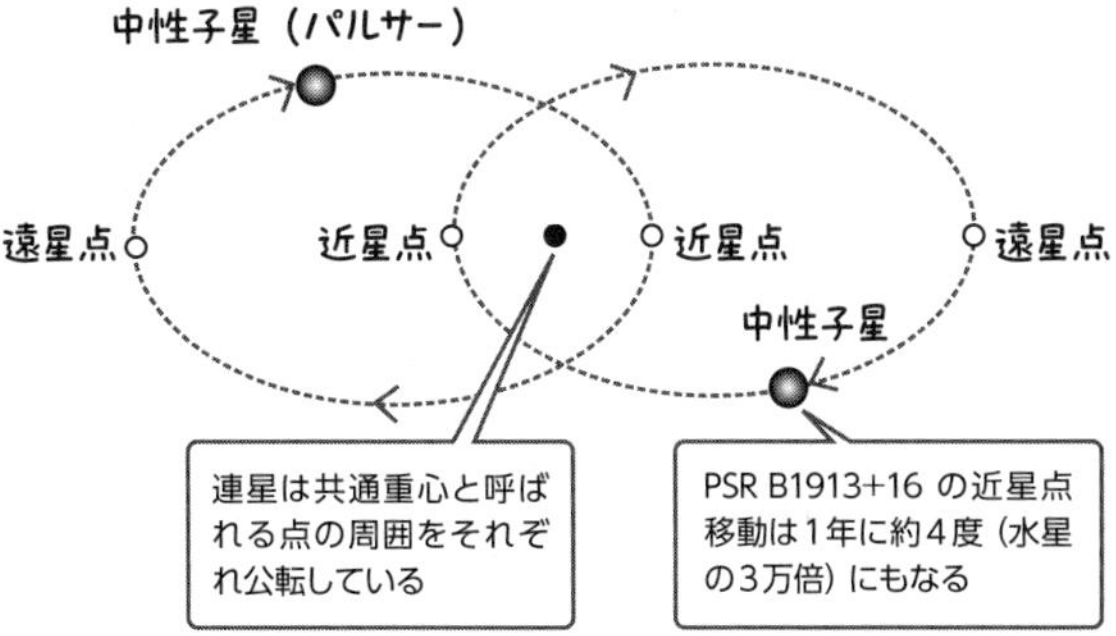
中性子星（パルサー）
遠星点
近星点
近星点
遠星点
中性子星
連星は共通重心と呼ばれる点の周囲をそれぞれ公転している
PSR B1913+16 の近星点移動は1年に約4度（水星の3万倍）にもなる

約70万km（地球・太陽間の約200分の1）しかありません。このため、一方の中性子星がもう一方に及ぼす重力の強さは、太陽が地球に及ぼす重力の約6万倍にもなります。これほど重力が強いと、ニュートンの重力理論（万有引力の法則）と一般相対性理論との違いが大きく現れます。

　公転軌道上で連星同士が最も近づくポイントを近星点といいます。これは、太陽と惑星の場合の近日点に相当します。86ページで、水星の近日点移動が一般相対性理論の正しさを証明したことを紹介しました。近日点と同じく、近星点も重力の影響で移動します。PSR B1913+16の近星点移動は1年で約4度にもなりますが、これは一般相対性理論による理論値と見事に一致していました。

重力波の放出で公転周期が短くなる

ＰＳＲ Ｂ１９１３＋１６を見つけたテイラーとハルスは、その後もこの連星パルサーの観測を続け、１９７９年に大発見を行いました。連星パルサーが重力波を放出していることを示す、間接的な証拠を見つけたのです。

重力波は物質が加速度運動をすると放出されるので、連星が公転運動をする際にも放出されます。重力波を放出すると連星はエネルギーを失い、互いに相手に向けて〝落下〟します。つまり、互いの距離が近づくのです。そのために公転軌道が小さくなります。

フィギュアスケートのスピンを思い出してもらうとわかりますが、伸ばしていた腕をたたむと、スピンの速度が速くなります。これと同じで、公転軌道が小さくなると、連星の公転速度が速くなります。公転軌道が小さくなって、しかも公転速度が速くなるので、当然ながら公転周期は短くなります。

つまり、連星パルサーは重力波を放出すると、公転周期が短くなるのです。テイラーとハルスはプエルトリコにある口径３０５ｍのアレシボ電波望遠鏡を使って観

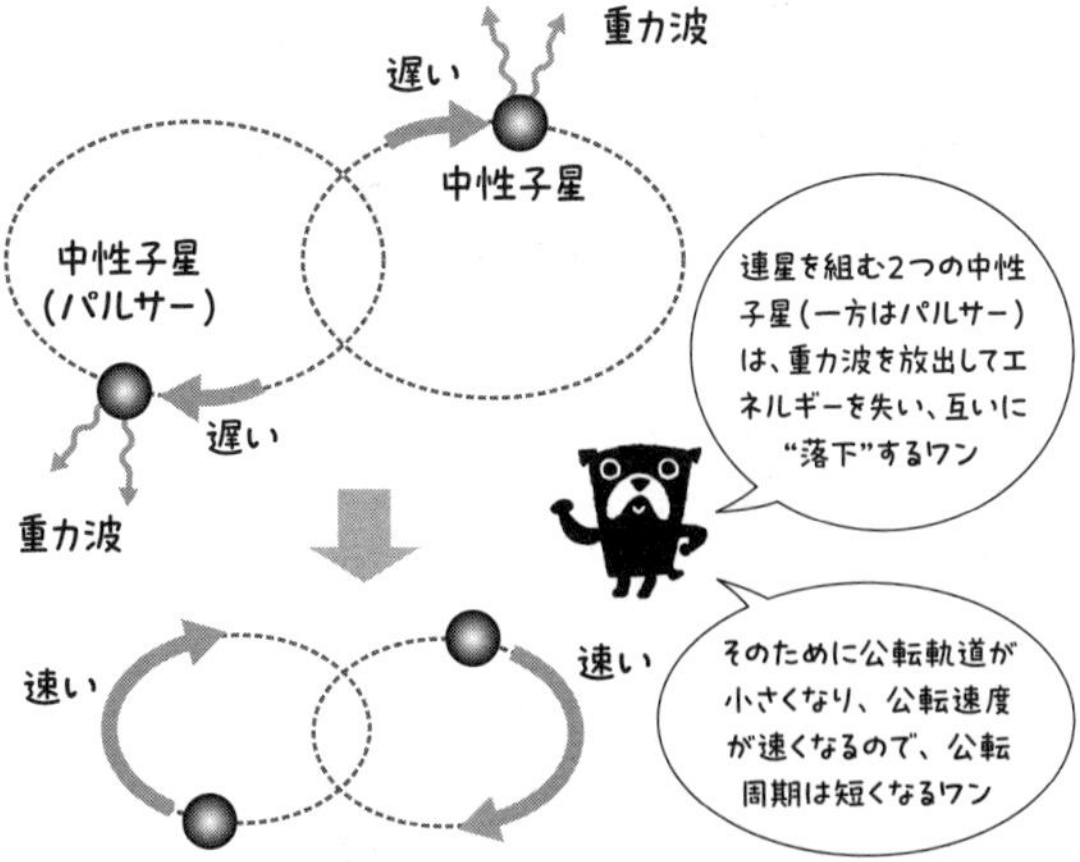
重力波
遅い
中性子星
中性子星
(パルサー)
遅い
重力波
速い
速い
連星を組む2つの中性子星(一方はパルサー)は、重力波を放出してエネルギーを失い、互いに"落下"するワン
そのために公転軌道が小さくなり、公転速度が速くなるので、公転周期は短くなるワン

測を行い、PSR B1913＋16が1年につき100万分の75秒だけ公転周期が短くなっていることを確認しました。この値は、一般相対性理論に基づく理論値と見事に一致したのです。

テイラーとハルスの発見は重力波を直接観測したものではありませんが、一般相対性理論の予言通りに重力波が放出されていることを強く裏付けるものであり、重力波の存在を間接的に証明するものだとされました。この偉業を含む、連星パルサーに関する一連の研究の功績によって、2人は1993年にノーベル物理学賞を受賞しています。

03 重力波望遠鏡のしくみ
重力波の直接観測に挑む

重力波の存在は間接的に確認されましたが、一方で直接キャッチしようという試みは1960年代から続けられてきました。

先駆者ウェーバーの挑戦

1969年、アメリカの実験物理学者ウェーバーは、宇宙からやって来る重力波を検出したと発表しました。

ウェーバーは重力波を検出する装置として、現在では**共振型重力波検出器**（共振型重力波アンテナ）と呼ばれるものを考案しました。アルミニウムでできた巨大な円筒（長さ2m程度）が吊り下げられていて、重力波がやって来ると円筒が振動し、わずかなゆがみを検出するというしくみでした。

ウェーバーは2台の検出器を用意して、その2つを1000km以上離した場所に置きました。検出器が1台しかないと、重力波らしき信号を検知しても、重力波とは別の振動によってゆがみが生じた可能性を否定できません。遠く離れた2台の検出器が同時に信号をキャッチすれば、重力波による可能性が高くなるのです。

そして1969年に、ウェーバーは「検出装置が2台同時に重力波の信号をとらえた」と発表しました。その信号は、銀河の中心方向からやって来ると彼は主張しました。

この発表は大きな反響を呼び、世界中で共振型検出器が作られて重力波の検出が試みられました。しかし、検出に成功したグループは現在まで現れていません。そのため、ウェーバーが本当に重力波信号をとらえたのか、検証できていません。

しかし、この実験によって多くの研究者が重力波に関心を寄せ、直接検出に乗り出すようになりました。したがって、ウェーバーが果たした先駆的な役割は非常に大きかったといえます。

２本の長い腕を持つ重力波望遠鏡

１９７０年代になると、より広い範囲の振動数の重力波を連続的に検出できる**レーザー干渉計型重力波検出器**が作られるようになりました。史上初の重力波直接観測に成功したアメリカの検出器**ＬＩＧＯ**《ライゴ》を始め、現在稼働している重力波検出器はすべてこのタイプです。一般にこれを**重力波望遠鏡**と呼びますが、可視光をとらえる光学望遠鏡や、宇宙からの電波を観測する電波望遠鏡とはまったく違う形状をしています。

レーザー干渉計とは、マイケルソンとモーリーが光の速度の変化を測定するために使った干渉計（39ページ）の原理を利用したものです。まず、１つの光源から出たレーザー光を２つに分けて、L字型につなげた長い２本の腕（基線長）の内部にそれぞれを通します。腕の内部は真空になっていて、その両端には大きな鏡が吊り下げられています。２つのレーザー光は鏡の間を何百回も往復した後で、再び１つに重ね合わされます。

先ほども話したように、重力波がやって来ると空間がわずかに伸び縮みします。そのために、腕の両端にある鏡の間の距離も、重力波が通過する際にわずかに伸び

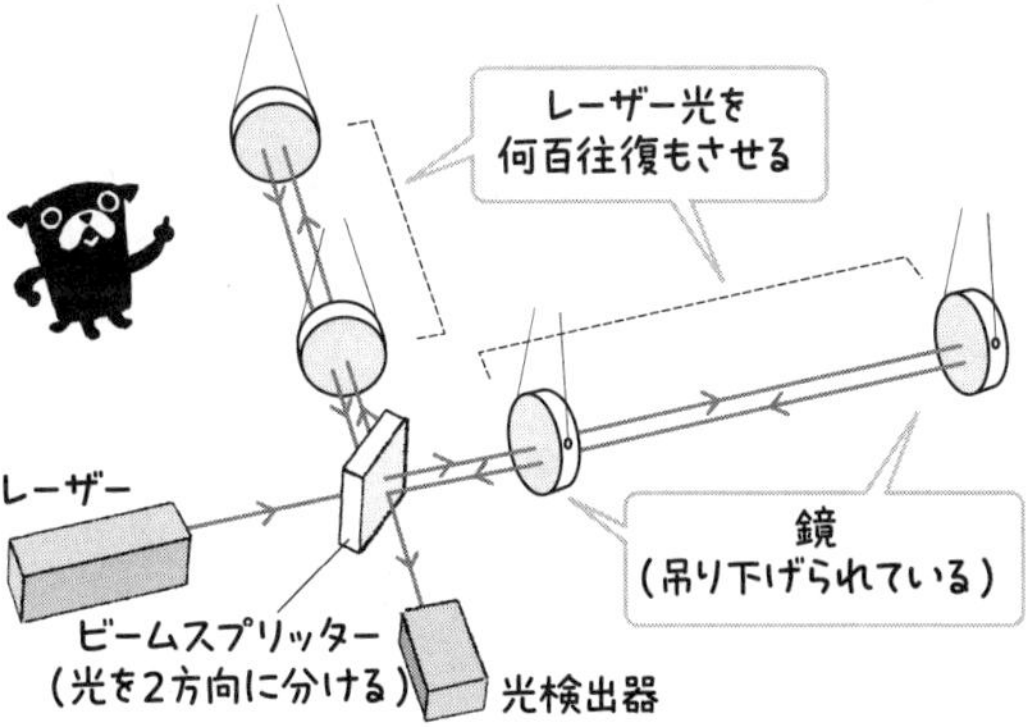

縮みして、レーザー光の往復時間も長くなったり短くなったりします。そうしたレーザー光を重ね合わせると、光の干渉縞（39ページ）が生じるので、重力波がやって来たことがわかるのです。

　重力波の到達によって伸び縮みする空間の長さは、すでに話したように地球と太陽の間が水素原子1個分だけ伸び縮みするといった、ほんのわずかなものです。レーザー干渉計の腕が長いほど空間のわずかな伸び縮みを計測できるので、ＬＩＧＯは４㎞もの長さの腕を持っています。また、腕の内部に吊り下げられている鏡が少しでも振動すると、鏡の間の距離が変化してしまい、重力波の検出に邪魔なノイズとなります。人や車の通行による地面のわずかな振動、地震や強風、さらにはレーザー干渉計を構成する装置そのものの振動、これらがみなノイズを生み出します。重力波の観測は、こうしたノイズをいかに減らすか、そしてノイズかどうかをいかに見分けるかの戦いなのです。

ＬＩＧＯは同じ仕様の２台の重力波望遠鏡からなります。１台はアメリカのメキシコ湾に近いルイジアナ州・リビングストンのジャングルの中に、もう１台は北太平洋近くのワシントン州・ハンフォードの砂漠の中に設置されています。２つの望遠鏡は直線距離で約３０００㎞離れています。ウェーバーの共振型重力波検出器の設置の時と同じく、遠く離れた２台の装置がほぼ同時に重力波らしき信号をキャッチすれば、それはノイズが原因の偽物の信号ではなく、本物の重力波である可能性が高まります。また、２台が受信した信号のわずかな時間差から、重力波がやって来た方向も推定できます。

ただし、２台だけだと大まかな方向（天球のベルト状の範囲のどこか）しかわかりません。今回初めて検出した重力波も、大マゼラン雲を含む南天の大きな三日月状の範囲から来た、ということしかわかりませんでした。重力波の発生源の位置を正確に知るためには、少なくとも３台の（より正確を期すのであれば４台以上の）重力波望遠鏡で観測する必要があるのです。

04

連星ブラックホールから発生した重力波
初の重力波ＧＷ１５０９１４の正体

初めて直接観測された重力波は、観測された日付が２０１５年９月14日であることから**ＧＷ１５０９１４**と名づけられました。ＧＷは重力波（Gravitational《グラビテーショナル》 Wave《ウエーブ》）を意味します。観測から約５カ月間、信号がノイズではなく本当に重力波だったのか、どんな現象によって発生した重力波なのかが慎重に調べられて、翌年２月に発表されました。

ブラックホール同士が合体して重力波が放出された

ＬＩＧＯの研究グループは長年観測を続けてきましたが、重力波は見つかりませんでした。そこで感度を大幅に高める改良工事を5年がかりで行い、2015年9月に工事が完了しました。そして本観測前のテスト観測を始めたとたんに、重力波の信号をとらえたのです。

GW150914は、連星になっている2つのブラックホールが合体したことで発生したものでした。これは、多くの研究者の予想を裏切りました。最初に観測される重力波は、テイラーとハルスが間接的に存在を証明した重力波のように、連星中性子星から発生したものだろうと思われていたからです。

第4章で説明した通り、ブラックホールも一般相対性理論によって存在を予想された天体です。ブラックホールの候補とされる天体は、はくちょう座X－1（114ページ）などいくつも見つかっています。ただし、これらはブラックホールの周囲にあるとされる降着円盤からのX線をとらえたものであり、間接的な証拠だといえます。また、ブラックホール同士が連星になった**連星ブラックホール**の存在も理論的には予想されていましたが、観測面での裏付けはありませんでした。

GW150914の波形をくわしく調べた結果、この重力波は約13億光年先にある連星ブラックホールの合体によって生じたことがわかりました。2つのブラックホールが公転しながら重力波を放出し、エネルギーを失って次第に近づいていきま

連星ブラックホールの合体

2つのブラックホールが重力波を放出してエネルギーを失いながら接近する様子のシミュレーション画像
画像提供：The SXS (Simulating eXtreme Spacetimes) Project

す。連星中性子星が公転する際にも重力波が放出されますが、それよりも波の振動数が低い（ゆっくりと波打つ）のが、連星ブラックホールから生じる重力波の特徴とされていました。GW150914は、まさにそうした波形を示したのです。そして、ブラックホール同士が合体する瞬間に最も強い重力波が発生して、その後は急速に減衰しました。連星中性子星の場合には、合体後もしばらく重力波の放出が続くので、これも相違点でした。

もともと2つのブラックホールは、それぞれ太陽の約29倍と約36

倍の質量を持ち、それらが合体して太陽の約62倍の質量のブラックホールが新たに生まれたことがわかりました。29＋36＝65ですから、差し引きで太陽約3個分の質量が消えたことになります。消えた質量は $E=mc^2$ の式に基づいて膨大なエネルギーとなり、それが重力波として放出されたのです。そのエネルギーは単位時間当たりでは（瞬間的には）、観測的に知られている全宇宙の星が放つ光のエネルギー総量の50倍にも相当します。これは桁外れのエネルギーであり、重力波はまさに宇宙全体を揺るがす「宇宙の地響き」なのです。

重力波初観測の3つの意義

重力波初観測の意義として、大きく3つの点を挙げることができます。

1つ目は、重力波を直接観測したこと、重力波の存在を直接確認したこと、そのものに歴史的な意義があります。

重力波の存在は、ブラックホールや宇宙膨張など、一般相対性理論から導かれた数々の予言の中で、最後まで実証されていないものでした。しかも、それを予言したのはアインシュタイン自身です。ですから、「アインシュタインの最後の宿題が、100年かけてついに解かれた」として大きな話題になったのです。

2つ目は、一般相対性理論が強い重力場でも検証できるようになったことです。一般相対性理論はこれまで、水星の近日点移動や連星パルサーの公転周期の変化といった現象をきちんと説明することで、その正しさを証明し続けてきました。しかし、これらはいずれも比較的弱い重力場（重力がそれほど強くない状況）での検証でした。一方、連星ブラックホールの合体は極端に強い重力が働く現象であり、はたしてそうしたケースでも一般相対性理論が正しいのかは、必ずしも確認できていませんでした。それが今回、強い重力場でも一般相対性理論がきちんと成り立っていると示されたのです。

これまで、研究者の中には暗黒エネルギーをうまく説明するために一般相対性理論を少し修正しようとか、一般相対性理論を変更すれば暗黒物質が存在しなくてもすむようになる、などと主張する人もいました。ですが、今回の結果は一般相対性理論はきわめて正しいものであって、そう簡単に変更できるものではないことを明確に示したのです。

そして3つ目は、重力波で宇宙を観測する**重力波天文学**が新たに創始されたことです。

重力波の大きな特徴として、他の物質に邪魔されずに何でも通り抜けることが挙げられます。たとえば、超新星爆発によってブラックホールができる際に、ブラックホールの周囲を高温のガスが取り囲みます。すると電磁波がガスに吸収されてしまうので、その様子を光や電波で観測することはできません。しかし、ブラックホール誕生時に放出される重力波は、高温のガスを通り抜けて私たちのもとに届きます。

これまで、超新星爆発のメカニズムは大まかにはわかっていますが、星の中で実際に何が起きているのか、くわしいことは不明でした。それが、重力波の観測によってブラックホールが誕生する現場を目《ま》の当たりにできるようになるのです。

２０１７年、ＬＩＧＯの建設と重力波初観測に決定的な貢献をしたことにより、研究グループをリードしてきたワイス、バリッシュ、ソーンの３人のアメリカの物理学者がノーベル物理学賞を受賞しました。業績から受賞までの期間がこれほど短いのは、ノーベル賞としては異例のことです。重力波初観測が天文学や物理学に与えたインパクトの大きさを物語るものだといえます。

連星中性子星からの重力波初観測

初めて重力波が観測された後も、重力波は何度も観測されました。２０１７年８

月には、確実なものとしては5度目となる重力波が観測されましたが、これは2つの中性子星（連星中性子星）が衝突・合体したことで発生した重力波であることがわかりました。それまでの重力波はすべて、2つのブラックホール（連星ブラックホール）が合体して生まれたものでした。

中性子星同士が合体する際には、重力波だけではなく、さまざまな電磁波が放出されることが理論的に予想されていました。そして実際に、2つの中性子星が合体してから約2秒後に「ショートガンマ線バースト」という爆発現象が観測されました。宇宙最強の爆発現象であるガンマ線バーストが起こるメカニズムには不明な点が多いのですが、今回の観測はショートガンマ線バースト（継続時間が短いもの）の起源を知る大きな手がかりになると予想されています。

さらに半日後には、合体によって新たな天体が誕生して可視光や赤外線を爆発的に放つ「キロノヴァ」という現象が初めてとらえられました。これも画期的な成果でした。キロノヴァでは、金やプラチナ、ウランといった元素がつくられる「rプロセス」という反応が起こると考えられていました。今回の観測結果は、中性子星合体によってrプロセスが起こったことを示す証拠になっています。

天体現象を光やニュートリノ、重力波などを観測して多角的に調べる天文学を

「マルチメッセンジャー天文学」といいます。連星中性子星からの重力波初観測は、マルチメッセンジャー天文学の本格的な幕開けを告げるものであり、最初の重力波初観測と肩を並べるほどのエポックメイキングな出来事だったといえるでしょう。

KAGRAの本格稼働と重力波の国際観測ネットワーク

重力波天文学やマルチメッセンジャー天文学を発展させるには、複数の重力波望遠鏡が必要です。現在、世界の重力波望遠鏡にはLIGO（リビングストンとハンフォードの2台）、ヨーロッパの**Virgo**《ヴァーゴ》、日本の**KAGRA**《カグラ》があります。グローバルに展開された計4台の重力波望遠鏡が同時観測を行うことで、重力波がやって来る先を正確に知ることができるのです。

日本のKAGRAは、KAmioka GRAvitational wave telescope（神岡重力波望遠鏡）にちなんだ愛称で、岐阜県の旧神岡鉱山内の地下1000mに建設されました。ここには、素粒子観測装置であるスーパーカミオカンデや、暗黒物質の正体を探る観測施設XMASS《エックスマス》などが立ち並んでいます。KAGRAのリーダーは、スーパーカミオカンデが発見したニュートリノ振動（素粒子の1つであるニュートリノに

KAGRAの概略図

画像提供：東京大学宇宙線研究所附属重力波観測研究施設

質量があることを証明するもの）によって、２０１５年にノーベル物理学賞を受賞した梶田隆章・東京大学宇宙線研究所教授です。

　地下１０００ｍに望遠鏡があると聞いて驚かれるかもしれませんが、地球程度は簡単に貫通する重力波の観測には支障ありません。むしろ風や波、そして人間の活動による地面の振動が原因でノイズが発生することを極力抑えられるというメリットがあります。ＫＡＧＲＡの腕の長さは３㎞、レーザー光を反射する鏡を絶対温度20度（摂氏マイナス251度ほど）という極低温に冷やすことで、鏡が熱によって振動することを防いでいます。

ＫＡＧＲＡは2020年2月に本格観測を開始しました。当時はＬＩＧＯとＶｉｒｇｏによる第3期観測運転「Ｏ３」が行われており、ＫＡＧＲＡもこれに加わって共同観測を行う予定でした。しかし新型コロナウイルス感染症の影響を受けて、Ｏ３が予定よりも早く終了したために、観測に加わることができませんでした。ちなみにＯ３までの観測で、特定された重力波は90個にも達し、１日に複数回の重力波が検出されることもありました。

ＬＩＧＯとＶｉｒｇｏ、そしてＫＡＧＲＡが共同で観測を行う第4期観測運転「Ｏ４」は、2023年3月の観測開始を目標に準備が進められています。４台の重力波望遠鏡による重力波国際観測ネットワークが稼働し、さらに重力波の発生源を光学望遠鏡やスーパーカミオカンデなどのニュートリノ観測施設などでも観測することで、超新星爆発のメカニズムの解明など大きな成果が期待されています。

05

インフレーション理論の「ダメ押し」となる証拠

原始重力波を探す

重力波の直接観測成功によって花開いた重力波天文学には、究極の目標があります。それは、宇宙の始まりにできた**原始重力波**を観測して、開闢《かいびゃく》直後の宇宙の姿を明らかにすることです。

「宇宙の晴れ上がり」以前を原始重力波で見通す

ＫＡＧＲＡやＬＩＧＯなどが観測しようとしているのは、連星中性子星や連星ブラックホールの合体など、強い重力を持つ天体が加速度運動することで生まれる重力波です。一方、原始重力波は個別の天体の運動によって生じるものではなく、かつて宇宙が急膨張をした時に発生した重力波です。

宇宙は誕生したとたんに、すさまじい急膨張（加速膨張）を遂げたというのが、すでに１６９ページで説明したインフレーション理論です。インフレーション膨張の際に、初期宇宙に存在した「時空そのものの揺らぎ」（やや難しいのでくわしい説明は割愛します）が大きく引き伸ばされることで、原始重力波が生まれたと考えられています。重力波は何物にもほとんど遮られないので、原始重力波は今でも宇宙を伝わり続けています。

宇宙が誕生して約38万年後、温度が絶対温度で約3000度にまで下がって、光が宇宙の中を直進できるようになるのが「宇宙の晴れ上がり」（165ページ）です。それ以前の時代の宇宙の様子は、光が直進できないので光（電磁波）を使った観測では見通せません。超新星爆発の際に、高温のガスに覆われた内部の状態がわからないのと同じです。しかし、原始重力波を観測できれば、インフレーション膨張がどのようなものだったのかを直接観測できるようになり、宇宙誕生直後の様子がわかるのです。

私やグースがインフレーション理論を唱えた後、多くの研究者がいろいろなタイプのインフレーション膨張のモデルを唱えました。現在ではざっと100くらいのモデルがあります。真空のエネルギーが高い状態から低い状態へどのような経路をたどって落ちて来るのかという違いで、さまざまなバージョンがあるのです。

これまでも、宇宙背景放射の観測結果がインフレーション理論に矛盾しないことは十分に確認されてきました。原始重力波が発見されれば、インフレーション理論の正しさを証明する「ダメ押し」になります。また、原始重力波をくわしく調べることで、多くのモデルの中でどれが正しいのかを判断できます。さらに、インフレーション理論の根拠になっている統一理論（１６８ページ）についても有意義な情報が得られることでしょう。

宇宙空間で原始重力波を観測する

ただし、原始重力波はインフレーション膨張によって非常に長く引き伸ばされているために、ＫＡＧＲＡやＬＩＧＯでも観測できません。原始重力波を直接観測するには、重力波望遠鏡の腕の長さを非常に長くしなければいけませんが、地球が丸いために地上で建設する重力波望遠鏡では、ＬＩＧＯなどの４㎞が限界です（ヨーロッパでは1辺10㎞の正三角形の腕を持つ「アインシュタイン望遠鏡」を地下深部に建設することを構想中）。

そこで将来的には、宇宙空間で原始重力波を観測することが目指されています。人工衛星を打ち上げて２５０万㎞ずつ離して設置し、その間でレーザー光をやりとりする超巨大なレーザー干渉計を作る「ＬＩＳＡ《リサ》」計画が、アメリカとヨーロッパの共同で進められています。２０１５年12月には、テスト用の人工衛星であるＬＩＳＡパスファインダーが打ち上げられました。２０３０年代半ばにＬＩＳＡの衛星が打ち上げられる見込みです。

一方、宇宙空間に１０００㎞ずつ離して浮かべた３台の衛星間でレーザー光をやりとりする「ＤＥＣＩＧＯ《デサイゴ》」計画が日本で提案されています。ＬＩＳＡに比べると人工衛星間の距離は短いのですが、何度もレーザー光をやりとりすることで感度を高めて原始重力波をとらえることを目指す特徴的な計画です。まずは技術立証のため、およびブラックホール合体時の重力波観測などを行う「Ｂ‐ＤＥＣＩＧＯ」を２０２０年代に打ち上げて、２０３０年代に本格的なＤＥＣＩＧＯを打ち上げることを目指しています。

（原始重力波の強さは理論によって幅がありますが、現在の計画であれば、ＬＩＳＡもＢ‐ＤＥＣＩＧＯも原始重力波の観測には感度不足ではないかと考えられています。それに対して、ＤＥＣＩＧＯは感度が足りる計画となっています）

原始重力波の〝爪あと〟を探す

近年、原始重力波が残した痕跡を宇宙背景放射の中に見つけようという観測計画が、世界中で進められています。直接検出するのではなく、その影響を見つけることで原始重力波を間接的に観測しようというものです。

２０１４年３月、アメリカの研究チームが南極のＢＩＣＥＰ２《バイセップツー》望遠鏡が原始重力波の痕跡をとらえたと発表して、大きな話題となりました。研究チームはＢＩＣＥＰ２を使って宇宙背景放射を観測し、そこに**Ｂモード偏光**という特殊な渦巻き模様を見つけました。これは原始重力波が宇宙背景放射に残した〝爪あと〟であり、それは宇宙が生まれてすぐにインフレーション膨張をしたことの決定的な証拠だとされたのです。

しかし発表からまもなく、原始重力波の爪あとだとされたものは、実は銀河系内の塵の影響によってできたノイズなのではないか、という疑問が投げかけられました。最終的にＢＩＣＥＰ２チームも自らの誤りを認めて、世紀の大発見は幻に終わりました。ですが、日本の研究チームを始め、世界中の多くの研究者が自分たちこそが本当にＢモード偏光を見つけて原始重力波の初観測に成功しようと、しのぎを削っています。

その中でも有力なものが、日本の「ＬｉｔｅＢＩＲＤ《ライトバード》」計画です。これは月よりも遠い地点に人工衛星を送り、地球といっしょに太陽の周囲を回りながら、従来の

100倍の感度で宇宙背景放射を観測して、Bモード偏光を見つけようというものです。

インフレーション理論の正しさを決定づけることが期待されるこの計画を、私も側面から応援してきました。計画の主唱者である羽澄昌史教授（高エネルギー加速器研究機構）を始めとする多くの研究者の頑張りにより、LiteBIRD計画は世界各国が参加する巨大国際プロジェクトとなりました。JAXA（宇宙航空研究開発機構）の次世代大型ロケット「H3」によって、2028年の衛星打ち上げが目指されています。原始重力波の痕跡を2020年代に確認できる唯一のミッションであり、その成果を楽しみにしています。

第7章

タイムトラベルの可能性

〜相対性理論は時間旅行を禁じていない〜

01

高速移動や重力の影響で未来の世界に行ける
未来へのタイムトラベルは頻繁に行われている

第7章では、タイムトラベルの話題を取り上げます。

空間の中を前後・左右・上下どの方向にも進んで戻って来られるように、時間の流れの中を過去や未来へ自由に行き来できるようになりたい——そんな夢はSF小説や映画、漫画の中でしか実現できないと思われるかもしれません。しかし、このタイムトラベルは高名な物理学者の間でも議論される、真面目な科学的テーマなのです。

速い乗り物に乗れば未来の世界へ行ける

そもそも、未来へのタイムトラベルは非常に簡単です。今すぐ、未来へのタイムトラベルに出発できます。たとえば、新幹線に乗って東京から博多まで行くとします。博多駅に降り立てば、そこはもう未来の世界です——ただし、それはわずか1

ナノ秒（10億分の1秒）ほどだけの未来ですが……。それゆえ、みなさんは自分が未来の世界に来たことに気づかないでしょうし、周囲の人もみなさんが過去の世界から来た人だとは思いません。しかし、これは間違いなく未来へのタイムトラベルです。東京・博多間の約1200㎞という空間の旅をしながら、同時に「約1ナノ秒だけ未来」という時間の旅もしたのです。

みなさんが気づかぬうちに未来へのタイムトラベルを果たしたのは、新幹線に乗って移動したためです。高速で移動する乗り物に乗ると、止まっている時に比べて時間の進み方が遅くなるのです。これは、第2章で説明した「動いている時計はゆっくり進む」という特殊相対性理論の効果によるものです。

速く運動すればするほど、時間はゆっくりと進みます。現在のテクノロジーで建造できる最も速い乗り物は、宇宙ロケットです。宇宙ロケットで月まで往復して地球に帰還すると、地球にいた時に比べて1万分の1秒ほど時間が遅れます。つまり、宇宙飛行士は1万分の1秒だけ未来の地球に戻って来るのです。

1ナノ秒よりはマシとはいえ、それでもたった1万分の1秒だけの未来です。タイムトラベルを実感するには、もっと速い乗り物に乗る必要があります。移動速度が光速に近づくほど、時間の遅れは顕著になります。

遠い将来、光速の90％で飛行する超高速宇宙船を建造できたとしましょう。その宇宙船内では、時間の流れる速さが約半分になります。超高速宇宙船で1年間宇宙を旅行して地球に戻ってきた場合、地球では2年の歳月が経過しています。つまり、差し引きで1年だけ未来の地球に帰還することになります。第3章で「ウラシマ効果」の説明をしましたが（95ページ）、ウラシマ効果とは未来へのタイムトラベルのことであり、光速に近い速さで飛行する宇宙船がタイムマシンだったのです。

強い重力を受ければ未来の世界へ行ける

未来へのタイムトラベルを行う方法は他にもあります。それは「強い重力を受けること」です。これは、一般相対性理論が明らかにした「重力を受けた時計はゆっくりと進む」という効果を利用するものです。

私たちは地球の重力を受けて、地表面に引きつけられています。地面の上に置かれた時計も、地球の重力を受けています。したがって重力を受けていない時計、たとえば無重力である宇宙空間にある時計よりも、ゆっくりと時を刻みます。ただしそれは、1年間に3ナノ秒（10億分の3秒）だけ遅れるという、ごくごくわずかな遅れです。重力が強ければ強いほど、時間の進み方が遅くなります。

宇宙には地球や太陽よりも、はるかに重力の強い天体があります。その1つが中性子星です。超新星爆発の後にできる中性子星は、半径が10㎞程度なのに太陽と同じ質量を持ちます。超高密度の天体である中性子星の表面付近では、地球の表面の1000億倍もの強さの重力が働くと考えられています。

もし中性子星に住むことができたら、地球で暮らす場合に比べて時間の進み方がどんどん遅くなります。計算してみると、中性子星の上で7年ほど暮らせば、地球の10年間の歳月に相当することになります。つまり、中性子星自体が天然のタイムマシンになっているのです。ただし、地球の1000億倍もの重力が働けば、人間の体は完全に潰されてしまうので、中性子星の上に居住することは不可能でしょう。

そこで、中性子星の内部を少しくり抜いて、人間が存在できるスペースを作るとします。中空の物質の場合、その中心部では重力が四方八方から働いて、互いに打ち消し合います。そのため、人間がそこにいても潰れることはありません。

ただし、先に内部をくり抜いた中性子星を用意しても、人間が中空の部分に入ろうとする時に重力によって潰されてしまいます。そこで、自分のまわりに中性子星を材料にした球状の殻を作ります。自分を内部に収めた中性子星ができあがれば、これがそのままタイムマシンになります。中性子星の内部では時間の進み方が外部に比べて極端に遅くなるので、しばらく過ごした後で中性子星を大きく膨張させて破壊し、外に出ます。そうすれば、未来へのタイムトラベルを達成したことになるのです。

02

過去へのタイムトラベルと因果律

未来が過去へ影響することは起こりうる？

相対性理論によれば、未来へのタイムトラベルは十分に可能です。もちろん、私たちが現在有するテクノロジーでは、光速近くで飛行する超高速宇宙船も、中性子星を材料にした球殻も作れません。しかし、理論上ははるかな未来へ旅することもできるのです。問題は、過去へのタイムトラベルをどうやって実現するかです。

時間は未来から過去へとつながっている？

高速移動や巨大な重力を使ったタイムトラベルでは、残念ながら過去を訪れることができません。たとえ未来の地球を訪れたとしても、未来の情報を現在の地球（未来からすれば過去の地球）に持ち帰ることは不可能です。

なぜなら、高速移動や巨大な重力によるタイムトラベルは、過去から未来へという一方通行の道を進む際のスピードの違いを利用しているからです。過去へのタイムトラベルを行うには、時間の流れに逆らって進む方法を考えなければなりません。

ところで、アインシュタイン方程式を解くと、ある場合には時間がループしているような解が存在することがわかっています。つまり、未来へどんどん進むと、いつの間にか過去に来てしまうのです。

地球上を「まっすぐ」に進むと、ぐるっと一周してもとの場所に戻ることができます。一見すると平らに見える地表面も、大きな視点で見るとループしているため、「まっすぐ」に進めばもとの場所に戻って来ることができるのです。

同じように、時間も非常に長い期間——宇宙１３８億年の歴史よりさらに長い期間――で見た時には、ループしている可能性があります。その場合には、未来へまっすぐ進めば、何千億年か先には現在に戻って来ることになるのです。この場合は、過去へのタイムトラベルが実現できます。未来へどんどん進めば過去に行けるのですから、未来へのタイムトラベルの方法がそのまま使えることになります。

過去への旅はタイムパラドックスを招く

このように、時間がループしている可能性を示す相対性理論によれば、過去へのタイムトラベルも否定されていません。しかし、それが実現されると、非常に厄介な問題が発生します。それは、因果律が破綻してしまうという問題です。

因果律とは「原因は過去にあり、その結果は未来にある」という法則のことです。別の表現をすると、「未来は過去に影響を与えない」というルールです。

原因が先にあってその結果が後にあること、そしてまだ決まってない未来の出来事がすでに確定した過去の出来事に影響を与えないというのは、きわめて当たり前に思えます。そして実際に、因果律が破綻するような現象が観測されたことは一度もありません。

しかし、過去に戻れるならば原因と結果の時間順序がひっくり返り、未来が過去に影響を与える事態が発生する可能性があります。そうすると深刻な矛盾が生じる、SFでいうところの「タイムパラドックス」が発生するのです。

最も有名なのが、**親殺しのパラドックス**です。タイムマシンで過去の世界へ行き、自分を産む前の若い母親を殺してしまったとします。母親が自分を産む前に死んでしまえば、そもそも自分は生まれるはずがありません。自分が生まれなければ、母親は未来からやって来た自分に殺されることもありません。このように、「母親から産まれた自分」という未来が「自分を産む前の母親を殺す」という過去の出来事の原因になると、どうにもつじつまが合わなくなるのです。

タイムパラドックスには他にも、若い頃の自分自身を殺してしまう、過去に戻ってタイムマシンの発明を妨害するなどがあり、いずれも深刻な矛盾を引き起こします。それらはみな「過去へ戻ることができる」と仮定したためで、この仮定が誤りであればパラドックスは解消されます。つまり因果律を破ってはいけないので、過去へのタイムトラベルは禁止されている可能性があるのです。

私たちが未来からの観光客に出会わない理由

過去へのタイムトラベルについて、ホーキングは次のような発言をしています。

「もし将来、過去に戻れるタイムマシンが発明されるとしたら、すでに未来からのタイムトラベラーが大挙して現代にやって来ていてもおかしくない。しかし、私たちは未来からの観光客に出会ったことがない。この事実が、過去に戻れるタイムマシンの建造が将来においても不可能であることを表しているのだ」

ホーキングの主張には、非常に説得力があります。ですが、こんな反論をする方がいるかもしれません。

「地球の上空には、目に見えないタイムマシンに乗って未来人がすでに来ているかもしれない。ただし彼らは、因果律を破ってパラドックスを発生させないように、過去の歴史に手出しをしないだけなのだ」

漫画の『ドラえもん』には、未来からの観光客が過去の歴史を勝手に書き換えないように取り締まるタイムパトロールが登場します。しかし中には、タイムパトロールの目を盗んで過去の世界に介入したり、うっかり私たちの前に姿を現してしまったりする未来人がいるかもしれません。ですから、先ほどの反論は有効とはいえないでしょう。

では、なぜ過去へのタイムトラベルは実現不可能なのでしょうか？　ホーキングはその理由として、**時間順序保護仮説**というアイデアを唱えています。これは、過去へのタイムトラベルを行おうとすると、それを邪魔するような自然現象が必ず発生するので、結果的に原因と結果の時間順序は保護され、因果律は破綻しないのだ、という仮説です。

しかし、相対性理論は過去へのタイムトラベルを禁じていないので、相対性理論によって説明される自然現象が過去へのタイムトラベルを阻害するはずがありません。そこで、ホーキングは相対性理論と並んで現代物理学を支えるもう1つの柱である量子論（134ページ）が、過去へのタイムトラベルを邪魔するのだと主張しています。

たとえば、過去へ戻ることができるタイムトンネルを作ったとします。しかし、そのトンネルには量子論によって導かれるさまざまな効果が働くために、できた瞬間にトンネルは潰れてしまい、結局過去へは戻れないのだ、というのです。

03

カギとなるのは超光速移動

過去へのタイムトラベルの実現方法を探る

因果律が破綻してしまえば、あらゆる自然科学は成り立たなくなるので、大多数の科学者は過去へのタイムトラベルは何らかの形で禁止される必要があると考えます。

しかし一方で、何とかして過去への旅を実現できるアイデアを考えて、しかも因果律を破らない方法を見出そうと知恵を絞るのも、やはり科学者なのです。

光より速く移動すれば過去の世界へ行ける

過去へのタイムトラベルを実現する方法として、いくつかのアイデアが示されています。その1つは、光よりも速く移動する乗り物に乗ることです。

特殊相対性理論によると、動いている時計はゆっくりと時を刻みます。より速く移動するほど時間の進み方は遅くなり、光の速さに近づくと時間はほとんど止まったようになります。では、光よりも速く移動するとどうなるでしょうか。この場合、時間は何と逆向きに進むことになります。したがって、過去へのタイムトラベルができるのです。

もちろん、みなさんはすぐにこう反論するでしょう。

「相対性理論によると、光よりも速く移動することは不可能なはずだ」

確かに相対性理論では、光よりも速く移動することを禁じています。それは、物体を加速するために与えたエネルギーの一部が質量に変わり、光速に近づくほど質量が無限大に近づくので、それ以上には加速できないためでした（63ページ）。

しかし、実は1つの「抜け道」があります。物体を加速して光速を超えることは不可能ですが、もともと光速よりも速く動いている物体は存在が許されるのです。詭弁《きべん》のように聞こえるかもしれませんが、相対性理論の上ではまったく問題ありません。

虚数の質量を持つ超光速粒子タキオン

一部の物理学者はこうした「超光速粒子」の存在を認めていて、**タキオン**と呼んでいます。「速い」を意味するギリシャ語タキスにちなんで名づけられました。

もともと光よりも速く動いているタキオンの飛行速度には上限値がなく、無限大の速度まで加速が可能です。その代わり、タキオンの速度には下限値が存在します。光速以下に減速できないのです。高速道路で最低速度が決められているようなものです。光速以下になれないため、タキオンはけっして止まれません。

タキオンがもともと光速以上で飛べるのは、「虚数の質量」を持つためです。176ページで「虚数の時間」という言葉が出てきましたが、虚数とは2乗するとマイナスになる数のことです。普通の数（実数）は、2乗すると必ずプラスの数になります。私たちの身近にある物質はすべて実数の質量を持ちますが、タキオンの質量は虚数で表されるのです。くわしい説明は省きますが、虚数の質量を持つと考えれば、もともと光以上の速度で動くことが理論上は可能になります。

数学では虚数をiという記号で表します。iは虚数を意味する英単語imaginary《イマジナリー》 number《ナンバー》の頭文字ですが、これは「想像上の数字」という意味に通じます。したがって、タキオンは「想像上の重さ」を持つ仮想的な粒子なのです。そして、実際にタキオンの存在が確認されたこともなく、多くの物理学者はタキオンの存在に否定的です。

しかし、もしタキオンが本当に存在するなら、それを材料にした乗り物を作って光速以上の速さで移動すれば、過去への旅が実現できます。ＳＦでは、タキオン製のタイムマシンで過去と未来を行き来したり、タキオンを使った超光速通信で未来の情報を過去に持ち帰ったりする場面が登場することがあります。

宇宙が回転していれば過去の世界に行ける

タキオンで説明したように、過去へのタイムトラベルを実現するカギとなるのは、光よりも速く移動することです。そのためのアイデアは他にもあります。

１９４９年、オーストリアの数学者ゲーデルは、アインシュタイン方程式を解いて「ゲーデル解」と呼ばれるものを導き出しました。当時、ゲーデルはアメリカのプリンストン高等研究所に在籍していて、同僚にはあのアインシュタインもいました。

ゲーデル解は、時空（＝宇宙）全体が音楽ＣＤのような回転をすることを示します。ある回転軸の周囲を、宇宙全体が一斉に回転するのです。この場合、回転軸の近くは回転速度が遅く、回転軸から離れるにつれて速くなるので、ある距離以上離れると回転速度が光の速度を超えてしまいます。すると、その領域にいる人は過去へのタイムトラベルができるようになるのです。

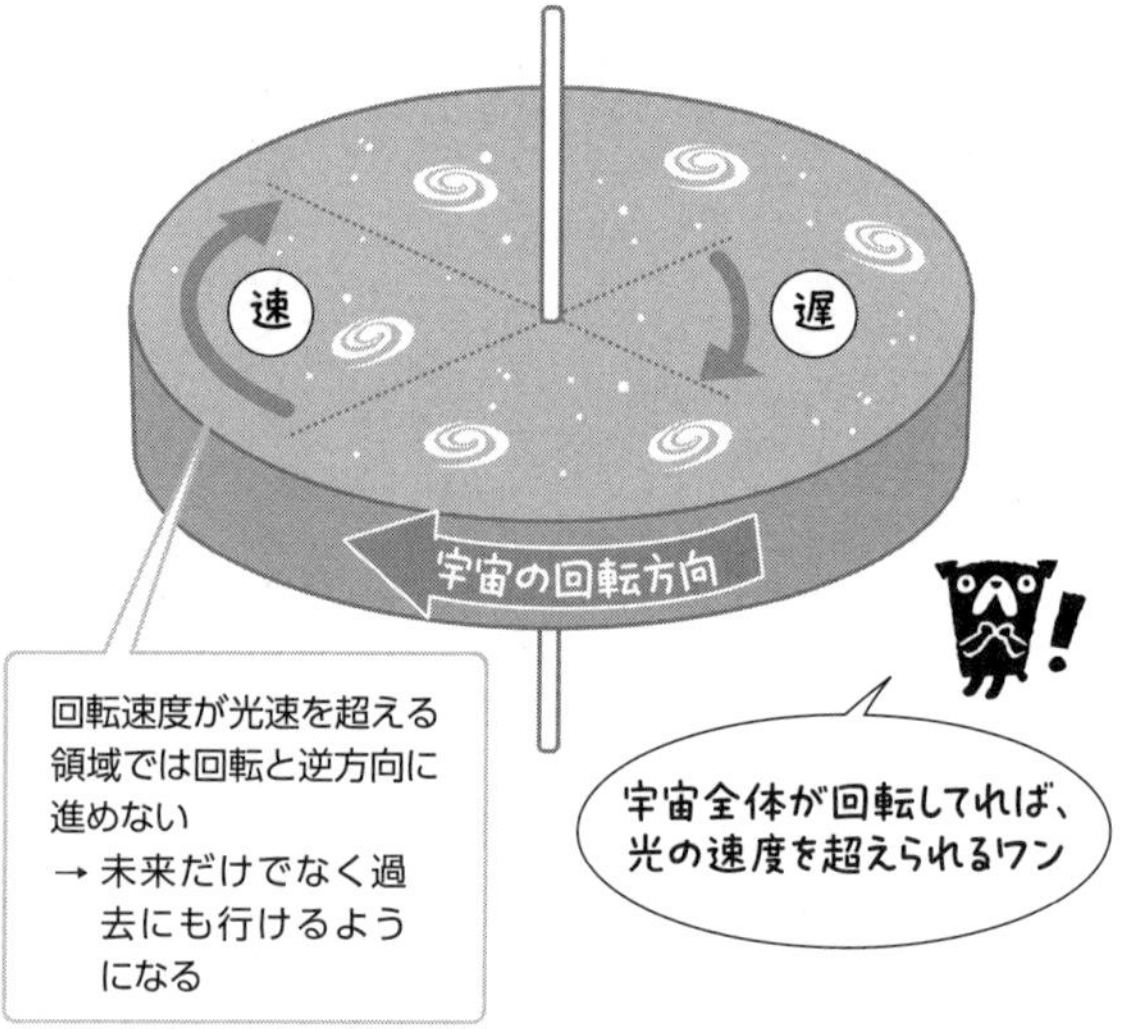
速
遅
宇宙の回転方向
回転速度が光速を超える領域では回転と逆方向に進めない
→ 未来だけでなく過去にも行けるようになる
宇宙全体が回転してれば、光の速度を超えられるワン

相対性理論では、光速未満の速度で運動している物体を加速して光速を超えることは許されません。つまり、物質が時空の内部を運動する際には、移動速度に上限値があるのです。しかし、時空そのものが運動する際に、その速度に上限値は設定されていません。したがって、宇宙（＝時空）の回転速度が光の速度を超えることも許されます。

　ここで、宇宙の回転速度が光速を超える領域にいるAさんを、宇宙の外にいるBさんが見ている状況を仮定します。Bさんから見ると、Aさんは必ず宇宙の回転方向と同じ向きに運動していま す。宇宙の回転と逆向きに運動することはありません。Aさんのいる領域は光より も速く、Aさん自身は宇宙空間の中を光速以上で移動できないからです。つまり、 Aさんは宇宙の回転方向に対しては一方通行しか許されないことになります。

このように、空間のある次元方向（縦・横・高さのうち、たとえば横方向）につい て一方通行しかできなくなると、その代わりに時間については一方通行が解除され て、未来だけでなく過去にも行けるようになることが、アインシュタイン方程式か ら示されます。通常は4次元時空の中で、時間の次元だけが一方通行になっていま すが、空間の次元に一方通行のものが現れると、それが時間の役割を果たすような 形になる、いわば空間の1次元と時間とが入れ替わってしまい、時間の次元につい て過去と未来の双方向に行けるようになるのです。

全体が一斉に回転している宇宙のことを**ゲーデルの宇宙**と呼びます。ただ、私た ちの宇宙はゲーデルの宇宙にはなっていないようです。これまでのところ、宇宙全 体が回転運動をしているような観測的証拠は見つかっていないので、ゲーデルの宇 宙はあくまで数学的なモデルに過ぎません。

04 時空の虫食い穴を通って過去を訪れる ワームホールとタイムトラベル

今度は、**ワームホール**を使った過去へのタイムトラベルについて説明しましょう。これは、相対性理論や宇宙論の大家として知られるアメリカの理論物理学者ソーンと彼の弟子たちが、１９８８年に発表したアイデアです。

ＳＦ小説との出合いから生まれたアイデア

ソーンたちの論文は、世界的権威を持つアメリカの物理学会誌『フィジカル・レビュー・レターズ』に掲載されました。そのため、「高名な物理学者が真剣にタイムマシンの研究をしている！」として一般の新聞紙上でも紹介され、大きな話題となりました。そしてその後、タイムマシンに関する肯定的・否定的な研究が一種のブームになったのです。

ソーンは初の重力波直接観測に成功したＬＩＧＯプロジェクトの提案者にして、

責任者の1人でもありました。2017年に重力波の初の直接観測の業績によって、ノーベル物理学賞を共同受賞したことは、お話ししたとおりです。そんな人物がタイムトラベルの科学論文を書いたのですから、インパクトの大きさがおわかりいただけると思います。

ソーンがタイムトラベルの研究に関心を持ったのは、あるSF小説との出合いがきっかけでした。友人である天体物理学者のセーガンが書いた『コンタクト』（1985年出版）です。のちにジョディ・フォスター主演で映画化（1997年公開）もされたので、ご存じの方も多いでしょう。セーガンはNASAの惑星探査計画の指導者であり、日本でもベストセラーになった『コスモス』などの科学啓蒙《けいもう》書の著者としても知られています。

『コンタクト』は地球外知的生命体との接触を描いたSFです。セーガンはこの本で、主人公である天文学者のエリーがこと座の1等星ベガに一瞬のうちに移動する場面を描こうとしました。地球から25光年離れたベガまで瞬間移動を行う方法として、セーガンは当初ブラックホールを使うことを考えました。ブラックホールは、私たちの宇宙と別の宇宙とを結ぶトンネルになっている可能性が知られていたからです。しかし、セーガンはブラックホールの性質にあまりくわしくありませんでし

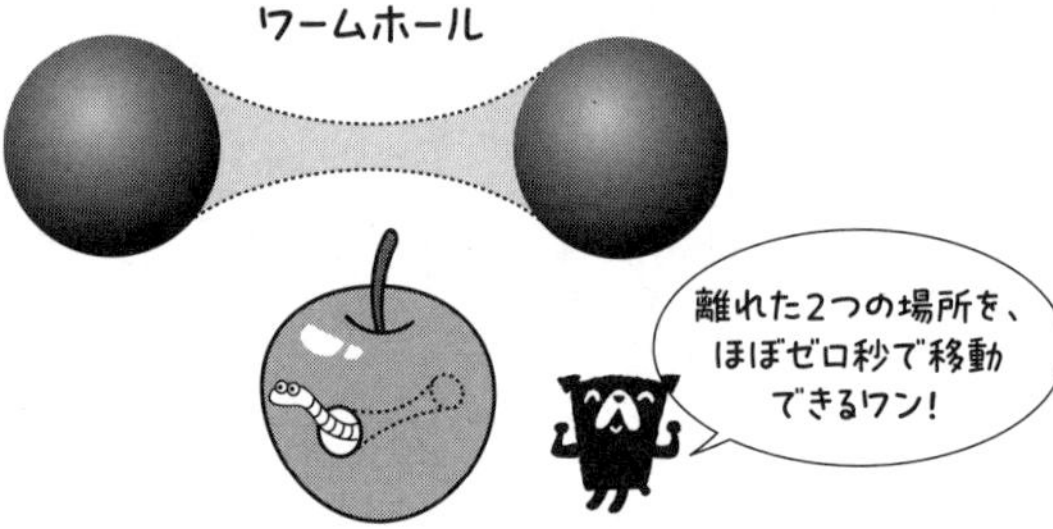
ワームホール
離れた2つの場所を、
ほぼゼロ秒で移動
できるワン!

た。そこでより科学的に検討するため、相対性理論の専門家である友人のソーンに相談したのです。

セーガンの質問に対して、ソーンは「君が考えているものは、ブラックホールよりもむしろワームホールと呼ばれているものに近いだろう」と答えました。ワームホールとは、離れた2つの場所をほぼゼロ秒で瞬間移動できるトンネルのようなものです。しかし、人間が実際にワームホールを通行することは不可能だとされていました。

そこでソーンは、どうすれば人間が通行可能なワームホールを作れるか、科学的に検討してみました。その結果、特殊な物質をワームホールの中に充塡《じゅうてん》すればいいことに気づきました。さらにワームホールを使えば、過去への旅が実現できることを発見したのです。

ワームホールとはどんなものか

ワームホールとは、もともとは樹木や果実などの「虫食い穴」のことです。リンゴの表面のある1点から裏側の地点に移動する時、リンゴの表面を通るより内部に空いた虫食い穴を通ったほうが近道になります。

アインシュタイン方程式を解くと、時空すなわち私たちが住む宇宙にも、リンゴの場合と同じような「時空の虫食い穴」であるワームホールが空いていることを示す解が得られることが、古くから知られていました。しかも、ワームホールを通れば移動時間は一瞬ですみます。ワームホールの内部では非常に強い重力が働き、時間の進み方が極端に遅くなっているからです。何度も話してきたように、重力は時間の進み方を遅くします。そのため、ワームホールの内部を移動すれば、移動時間がほぼゼロの瞬間移動ができることになります。

宇宙空間に空いた穴で重力が非常に強い存在といえば、セーガンが当初考えていたブラックホールが思い浮かびますが、それは不可能です。なぜなら第4章で説明したように、ブラックホールの内部に入った物体は必ず中心にある特異点に到達するからです。ブラックホールは、いわば入口だけがあって出口のない「一方通行の穴」であり、脱出することはできません。ソーンが代わりに提案したワームホールを使う方法が採用され、『コンタクト』のエリーは25光年先のベガにたどり着くストーリーになったということです。

斥力を及ぼす物質をワームホールの内部に詰める

ブラックホールは宇宙に実際に存在することがわかっていますが、ワームホールは理論上の存在に過ぎません。しかし、ここではワームホールが実在すると考えて話を進めます。

もし私たちの宇宙の中でワームホールが生まれたとしても、それは原子より小さなサイズであり、しかも生まれたとたんに潰れてしまうと考えられています。ワームホールの内部で超巨大な重力が働くために、ワームホール自体が潰れてしまうのです。人間や宇宙船が通り抜けようとするなら、ワームホールをしっかりと開けておいたり、通行中にワームホールの重力で潰れないように保護したりするしくみが必要になります。

そこで、ソーンは反発力を持つ物質をワームホールの内部に注入すればいいだろうと考えました。彼は、それを「エキゾチック物質」と呼んでいます。

私たちの身近にある通常の物質は、周囲に重力を及ぼします。これに対して、エキゾチック物質は周囲に斥力（反発力）を及ぼすのです。その特徴は質量がマイナスであることです。相対性理論の公式「$E=mc^2$」が示すように、質量とエネルギーは同じものですから、エキゾチック物質はマイナスのエネルギーを持つともいえます。

実は、ミクロの世界ではマイナスのエネルギーの存在がすでに確認されています。たとえば、極低温の真空中で2つの薄い金属板を狭い間隔で置くと、金属板同士の間隔がさらに狭くなるという現象が起きます。金属板の周囲は真空なので、そのエネルギーはゼロとみなせます。しかし、2つの金属板の間ではエネルギーがさらに少なくなってマイナスの状態になります。その結果、周囲からエネルギー的な圧力を受けて金属板同士の間隔が狭くなるのです。これは**カシミール効果**と呼ばれていて、マイナスのエネルギーそのものを取り出したわけではありませんが、それが及ぼす斥力の存在を証明するものになっています。

ワームホールの2つの口に時間差を作る

では、通行可能なワームホールを使って、どのようにして過去への旅を行うのかを説明しましょう。まず、同じ宇宙の中にある2つの離れた場所をつなぎ、どちらの穴（口）からも出入りができるワームホールを用意します。ワームホールの2つの口をA、Bと呼び、その間は4㎞離れているとします。そして、2つの口に時刻を合わせた時計を置きます。時計の針は今、ともに12時を指しています。

さて、あなたは口Aの近くにいます。もし口Aに飛び込めば、ワームホールの内部を一瞬で移動できるので、あなたはすぐに口Bから飛び出して来ます。これは単に瞬間移動をしたのに過ぎません。ワームホールをタイムトンネルにするには、2つの口に「時間の差」を作る必要があります。

そこで、口Aはそのまま動かさずに、口Bだけを光とほぼ同じ速さで引っ張って宇宙の彼方へ遠ざけ、再び光とほぼ同じ速さで引っ張ってもとの場所に戻します。すると「動いている時計はゆっくりと進む」ので、往復している間、口Bは口Aよりも時間の進み方が遅くなります。その結果、口Bがもとの場所に戻ってきた時、口Aの時計が5時で、口Bの時計は3時である、つまり2時間の差ができたとしま

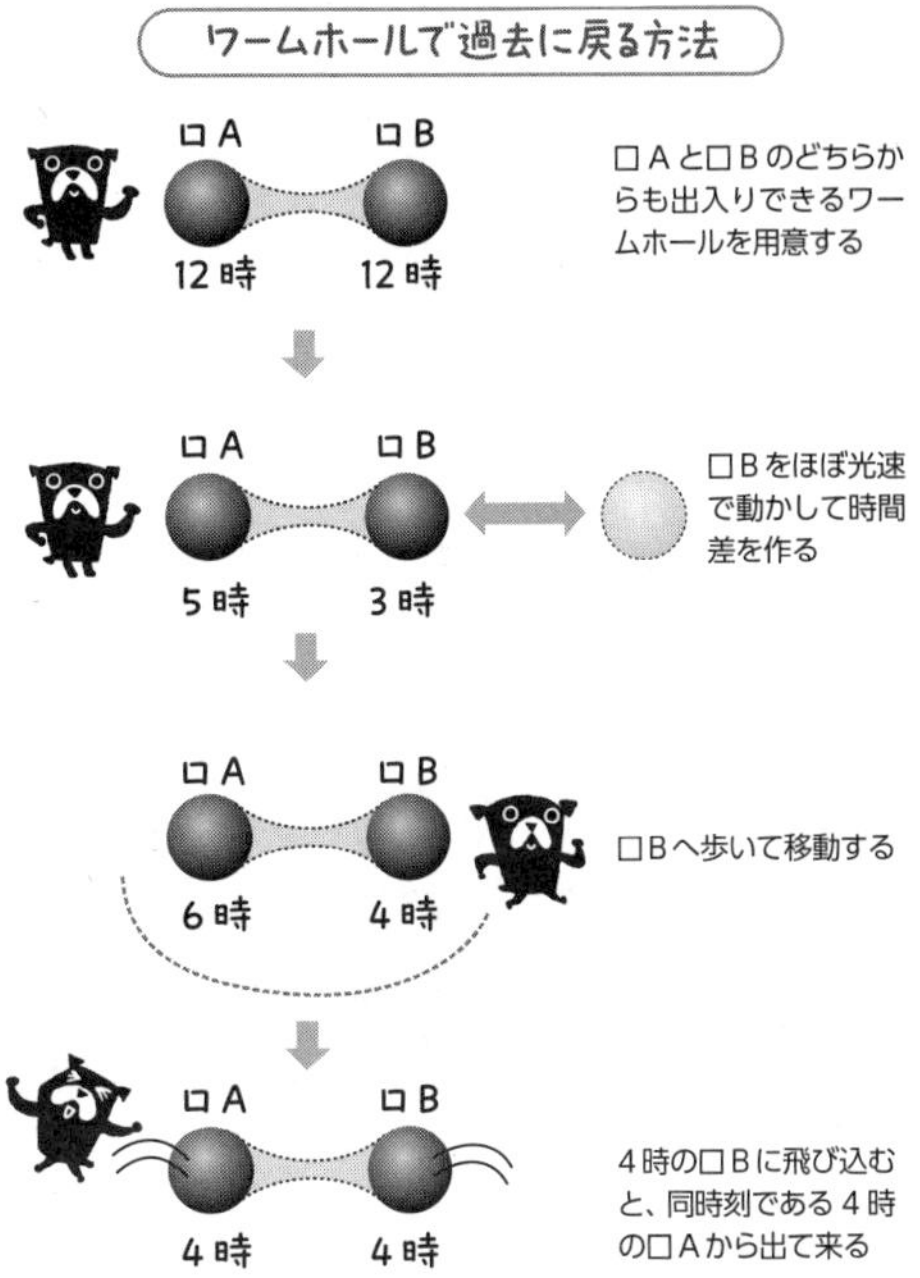
ワームホールで過去に戻る方法
口A
口B
12時
12時
口Aと口Bのどちらからも出入りできるワームホールを用意する
口A
口B
5時
3時
口Bをほぼ光速で動かして時間差を作る
口A
口B
6時
4時
口Bへ歩いて移動する
口A
口B
4時
4時
4時の口Bに飛び込むと、同時刻である4時の口Aから出て来る

す。あなたは口Aの近くにいて、口Aと同じく運動をしていませんので、あなたの時計も口Aと同じ5時を指しています。

ここで、あなたはワームホールを通らず、口Aから歩いて口Bに向けて出発します。移動に1時間かかったとすると口Bに到着した時、口Bの時計は4時を指しています。ただ、口Aを5時に出発して1時間経ったので、口Aとあなたの時計はともに6時を指しています。しかし、あなたは2時間前の世界に戻ったのではありません。地球にいる人がウラシマ効果によって時間の進み方が遅くなった宇宙飛行士と出会ったのと同じ状況であって、これはまだ過去へのタイムトラベルではないのです。

では、いよいよ過去へ戻りましょう。あなたは口Bに飛び込むのです。すると、一瞬にして口Aから出て来ます。口Aの時計を見ると、4時を指しています。ワームホールの中を通れば移動時間はほぼゼロなので、「4時の口B」に飛び込めば、一瞬にして同じ時刻である「4時の口A」から出て来るのです。つまり、あなたは口Aが4時であった世界、すなわち2時間前の過去の世界にタイムトラベルしたのです。

05 訪れたのは別の宇宙の過去だった？ 因果律の問題をどう解決するか

ソーンが示した、過去への時間旅行を可能にするアイデアはなかなか巧妙なものです。とはいえ、実際にこれを実現する上では課題が山積みです。

タイムマシン発明前の時代には戻れない

そもそも、ワームホール自体が理論上の存在に過ぎないので、ワームホールが本当に存在するのか、そこから話を始めないといけません。たとえワームホールが実在したとしても、通行可能にするためにマイナスのエネルギーを持つエキゾチック物質を大量に用意しなければなりません。さらに、ワームホールの一方の口を光並みの速度で移動させなければなりません。これらは、私たちが現在持つ知識やテクノロジーをはるかに超えた至難の業です。

ですが遠い将来、私たちの子孫がワームホールを使ったタイムマシンを完成させるかもしれません。では、彼らはそのタイムマシンを使って現代の私たちを訪ねることができるかというと、それは不可能です。なぜなら、タイムマシンが完成した時代よりも、さらに過去に戻ることはできないからです。

エキゾチック物質を内部に入れたワームホールが西暦3000年に完成したとします。そこでさっそく、ワームホールの口Bをほぼ光速度で移動させて、2つの口に時間差を作ります。この時、口Bの時計は非常にゆっくりと時を刻みますが、西暦3000年より前の時間に戻ることはありません。ワームホール・タイムトンネルは口Bと同じ時刻に戻って来られるというタイムマシンなので、口Bよりも前の時代、すなわちワームホール・タイムトンネルが完成した瞬間よりも前の時代には戻れないのです。

そうなると、ホーキングの「過去に戻れるタイムマシンが将来作られるとしたら、なぜ現代に未来人が来ていないのか?」という問い（230ページ）に対して、「たとえ未来にタイムマシンができても、それを使ってタイムマシン発明前である私たちの時代を訪れることはできないのだ」と答えることもできます。ただ、ホーキングは「だからといって、未来にタイムマシンが建造できる可能性が残ったとは思わない」といっています。ワームホールを使ったタイムマシンを作っても、量子論によるさまざまな効果のためにすぐに破壊されるだろう、というのが彼の主張です。

自己無矛盾の原理——過去は変えようとしても変えられない？

過去へのタイムトラベルに関する最大の問題は、因果律を破るためにタイムパラドックスが起きてしまうことです。この難問を解く方法として、いくつかの考え方が提案されています。

その1つは**自己無矛盾の原理**と呼ばれるものです。これは、「たとえ過去に戻っても、因果律を破ってタイムパラドックスを引き起こすような行為は絶対にできない」という考え方です。「歴史を変えてはいけないから」といった人為的・倫理的なルールによって規制されているためではなく、因果律を破りたくても破れない、自然はそのようになっているのだ、という考えです。

この考えに従えば、私たちは過去を訪れることはできても、過去を変えることはできません。あなたが過去の世界で自分の母親を包丁で殺そうとしても、実行直前に包丁が折れてしまったり、あなたが車に轢《ひ》かれて入院してしまったりと、必ず何らかの邪魔が入って結局母親を殺し損ねてしまうのです。ＳＦでも「過去を変えようとしたが、結局変えられなかった」というストーリー展開をよく見かけます。

自己無矛盾の原理は、人間が自由な意志を持ち、その意志に従って行動できることと矛盾するように思えます。ですが、人間が自由な意志を持てるからといって、その意志を必ず実現できるわけではありません。たとえば人間が「光より速く走りたい」と願っても、叶わないことを相対性理論は示しています。同じように、人間の「過去の歴史を変えたい」という願いは自然の摂理として許されないのだと理解するのです。

多世界解釈——数ある宇宙の歴史の1つが変わるだけ？

タイムパラドックスを解決する別のアイデアとして、**多世界解釈**という考え方があります。SFではパラレルワールド（並行世界）という呼び名で、多世界解釈のアイデアがしばしば使われています。

たとえば、あなたがタイムマシンで過去に戻り、自分を産む前の若い母親を殺したとします。すると、この「あなたが母親を殺す世界」では、あなたが将来生まれることはありません。しかし、それとは別に「母親が生きている世界」も存在しています。その世界では将来、あなたが生まれるのです。

多世界解釈は、量子論における「観測問題」に対する1つの考え方です。観測問題についてのくわしい説明は割愛しますが、量子論の主流の考え方では「ミクロの物質は複数の未来――たとえば電子が場所Aで観測される可能性と、場所Bで観測される可能性――を持っていて、実際にどちらで観測されるかは確率的に決まる」と解釈するのに対して、多世界解釈では「電子が場所Aで観測される世界（宇宙）と、電子が場所Bで観測される世界（宇宙）の2つが同時並行的に存在している」と解釈します。世界や宇宙は1つではなく、可能性の分だけ多数に枝分かれして存在している。そして自分もそれぞれの世界に複数存在しているという、まさにSFのような解釈をするのです。

イギリスの物理学者ドイッチュは、多世界解釈を使うとタイムパラドックスを解決できると主張しています。宇宙は可能性の分だけ複数に枝分かれしているので、タイムマシンで過去に戻ったとしても、それがどの宇宙の過去なのかはわかりません。したがって、自分の母親を殺しても、それは数ある宇宙の歴史の中の1つを変えただけであり、自分がやって来た宇宙の歴史は母親が生きたままちゃんと進行するので、パラドックスは発生しないというのです。

重力による通信で未来の情報を過去へ送る？

みなさんの多くは、多世界解釈はあまりにSFじみて、宇宙や自分や母親が複数存在する、同時並行的に存在するなどということはリアルとは思えないでしょう。しかし、この解釈は現代宇宙論の研究者にはけっこう人気があるのです。177ページで紹介したブレーン宇宙モデルでは、私たちが住む宇宙以外にも多数の宇宙が存在すると考えるからです。ブレーン宇宙モデルと多世界解釈との間に直接の関連はありませんが、多数の宇宙＝マルチバースという発想は共通しています。

では、本当に宇宙は複数存在しているのでしょうか？　それを確認する方法として、第6章で説明した重力波を利用するアイデアが提唱されています。

私たちが他の宇宙を直接訪れたり、他の宇宙を電磁波などで観測したりすることは不可能とされています。なぜなら、私たちの体や星や銀河などを構成する素粒子など、この宇宙に存在する素粒子のほとんどは4次元時空の中に閉じ込められている（178ページ）ためです。しかし、唯一の例外が重力で、重力だけは4次元時空を離れて高次元時空を伝わり、他の宇宙と情報をやりとりすることが可能だとされています。高次元時空への重力の「漏れ出し」はわずかだと考えられていますが、重力波のような激しい重力現象であれば、観測できるかもしれません。

研究者の中には、重力波（あるいは重力）を使った通信によって別の宇宙へ情報を送ったり、未来の情報を過去へ送ったりすることも可能になるかもしれないと想像する人もいます。ソーンもその1人で、彼が科学コンサルタント兼制作総指揮を務めたSF映画『インターステラー』（2014年公開）では、過去・現在・未来を自由に行き来できるブラックホールの内部から、重力を使ったモールス信号で未来の情報を過去の世界の人に送るシーンが描かれていました。もちろんこれは、想像力豊かなSF映画の一場面に過ぎません。

私としては、相対性理論と量子論を統合した理論が完成した時、過去へのタイムトラベルができない理由も明らかになると思っています。したがってタイムトラベルの問題を探求することは、物理学者の悲願である統一理論への道を開くものでもあるのです。その意味で、タイムトラベル問題は物理学のテーマとして真剣に取り組む価値があります。若い研究者の方が、あるいは本書を手に取って物理学を志した若い読者が、将来、タイムトラベルの問題を通して究極の物理理論を生み出す日が来てほしいと願いながら、本書を終えたいと思います。

著者紹介
佐藤勝彦（さとう　かつひこ）
1945年生まれ。京都大学大学院理学研究科物理学専攻博士課程修了。理学博士。東京大学名誉教授。現在は日本学士院会員、独立行政法人日本学術振興会学術システム研究センター顧問、明星大学理工学部客員教授。専攻は宇宙論・宇宙物理学。「インフレーション理論」をアメリカのグースと独立に提唱するなど、その功績は世界的に知られる。主著に『相対性理論（岩波基礎物理シリーズ【新装版】）』（岩波書店）、『宇宙論入門』（岩波新書）、『科学者になりたい君へ』（河出書房新社）ほか多数。

編集協力　中村俊宏

本書は、2017年6月に実務教育出版より刊行された『世にも不思議で美しい「相対性理論」』を改題し、加筆・修正したものである。

ＰＨＰ文庫　世にも不思議で美しい「相対性理論」入門

2023年４月17日　第１版第１刷

著者	佐藤勝彦
発行者	永田貴之
発行所	株式会社ＰＨＰ研究所
東京本部	〒135-8137　江東区豊洲5-6-52
	ビジネス・教養出版部　☎03-3520-9617（編集）
	普及部　☎03-3520-9630（販売）
京都本部	〒601-8411　京都市南区西九条北ノ内町11
PHP INTERFACE	https://www.php.co.jp/
組版	株式会社PHPエディターズ・グループ
印刷所	大日本印刷株式会社
製本所	東京美術紙工協業組合

 ISBN978-4-569-90309-5

PHP文庫

「相対性理論」を楽しむ本

よくわかるアインシュタインの不思議な世界

佐藤勝彦　監修

たった10時間で『相対性理論』が理解できる！　「遅れる時間」「双子のパラドックス」などのテーマごとに、楽しく、わかりやすく解説。